高等职业教育"十三五"规划教材（电子信息课程群）

单片机实用技术项目教程

主　编　周　威　熊　辉

副主编　孟　勤　邱洪涛

U0194595

中国水利水电出版社

www.waterpub.com.cn

·北京·

内 容 提 要

本书以周威开发的 STC 开发板为载体，通过九个项目分别介绍了单片机及其开发环境、输入/输出功能、数码管与矩阵键盘、定时器/计数器、中断系统、串行通信、液晶显示、I^2C 总线与 E^2PROM、DS18B20 温度传感器的内容。

本书中的项目由浅入深，通过项目内容对单片机的各个部分进行剖析介绍，每个部分都以具体的实例对内容进行学习及训练，所有实例都配有电路图和实例分析，程序代码的编写规范并经过实际验证，实例完成后每个项目均有相关任务实施内容供拓展学习。

教材内容难易适中，编排合理，适合作为各类工科院校自动化、电子信息工程、电子信息科学与技术、计算机、机电一体化等专业的单片机课程教材，也可作为从事电子技术、计算机应用与开发的工程技术人员的学习和参考用书，也可作为单片机自学者的入门用书。

图书在版编目（CIP）数据

单片机实用技术项目教程 / 周威，熊辉主编. -- 北京 ： 中国水利水电出版社，2018.8
高等职业教育"十三五"规划教材. 电子信息课程群
ISBN 978-7-5170-6709-2

Ⅰ. ①单… Ⅱ. ①周… ②熊… Ⅲ. ①单片微型计算机－高等职业教育－教材 Ⅳ. ①TP368.1

中国版本图书馆CIP数据核字(2018)第174715号

策划编辑：杜 威　责任编辑：张玉玲　加工编辑：高双春　封面设计：李 佳

书　　名	高等职业教育"十三五"规划教材（电子信息课程群） 单片机实用技术项目教程 DANPIANJI SHIYONG JISHU XIANGMU JIAOCHENG
作　　者	主　编　周　威　熊　辉 副主编　孟　勤　邱洪涛
出版发行	中国水利水电出版社 （北京市海淀区玉渊潭南路 1 号 D 座　100038） 网址：www.waterpub.com.cn E-mail：mchannel@263.net（万水） 　　　　sales@waterpub.com.cn 电话：(010) 68367658（营销中心）、82562819（万水）
经　　售	全国各地新华书店和相关出版物销售网点
排　　版	北京万水电子信息有限公司
印　　刷	三河市铭浩彩色印装有限公司
规　　格	184mm×260mm　16 开本　12.5 印张　308 千字
版　　次	2018 年 8 月第 1 版　2018 年 8 月第 1 次印刷
印　　数	0001—3000 册
定　　价	32.00 元

前　　言

　　单片机作为微控领域的重要分支，被广泛应用于工业过程中的自动检测与控制。目前，单片机作为电子信息、自动化等专业的专业基础课，在各工科院校中广泛开设。长期以来，该课程存在原理难以理解、设计能力难以提高、理实一体缺乏融通的问题。本教材结合作者多年的教学改革与实践成果，采用新思路、新方法编写而成，非常适合单片机初学者学习。

　　本教材的主要特点：

　　（1）采用项目实施、任务导向教学法，使学生在"做中学，学中做"。本书以九个项目的形式分别介绍了单片机及其开发环境、单片机的输入/输出功能、数码管与矩阵键盘、定时器/计数器、中断系统、串行通信、液晶显示、I^2C 总线与 E^2PROM、DS18B20。各项目的编排遵循了由浅入深、由易到难的顺序。

　　（2）采用 C 语言教学，突出单片机 C 程序的软件架构设计。本书中的所有实例采用 C 语言编写，突出单片机 C 程序的软件架构设计思想。另外 C 语言具有运算速度快、编译效率高、有良好的可移植性，而且可以直接实现对系统硬件进行控制，和单片机汇编语言相比，具有不需要记指令，学生容易掌握与理解等优点。

　　（3）支持国产本土独立自主知识产权，激发创新意识。本书讲解的内容均为围绕 STC 公司出产的单片机，支持国产自主知识产权，激发学习者的民族创新意识，同时结合当今热点知识的讲解，突出技术的实时与实用性。

　　本教材的项目一由邱洪涛编写，项目二、项目三由孟勤编写，项目四至项目七由周威编写，项目八、项目九和附录由熊辉编写，周威负责全书的统编定稿与审阅工作，熊辉、邱洪涛负责全书的校对工作。

　　本教材中的所有项目的实例都是以 STC2.0（51）单片机开发板设计。此套开发板由周威结合 12 年的单片机开发和教学经验专门设计，为学生学习实践所用。感谢荆州理工职业学院电子创新实验室的老师及学员们对本书出版的支持，感谢华中科技大学光学与电子信息学院朱本鹏教授、华为技术有限公司 IT 产品线存储产品规划部孙强总监、湖北显风电子有限公司研发部殷晨东高级工程师在本书编撰过程提出的宝贵意见和案例支持。

　　本书是作者们的多年教学工作的积累和总结，但错误和不足也仍在所难免，恳请读者指正和谅解，也欢迎您与我们联系交流技术心得。

　　最后，谨以本书纪念 2018 年 4 月 28 日因病在深圳离世的宋胜文先生，对他为中国电源行业发展作出的卓越贡献致以崇高的敬意，对他为电源行业培养了数以千计的卓越人才表示衷心的感谢。

作　者

2018 年 5 月

于荆州理工职业学院

目　　录

前言

项目一　单片机及其开发环境 …………… 1

1.1　任务一　初识单片机 ………………… 1

1.1.1　单片机的定义 …………………… 1

1.1.2　单片机的应用领域 ……………… 2

1.1.3　单片机的类别 …………………… 3

1.1.4　单片机的选择 …………………… 4

1.2　任务二　单片机应用系统 …………… 5

1.2.1　单片机应用系统 ………………… 5

1.2.2　典型单片机应用系统介绍 ……… 5

1.2.3　剖读 MCS-51 单片机 …………… 6

1.2.4　单片机最小系统 ……………… 10

1.2.5　单片机应用系统开发流程 …… 13

1.3　任务三　单片机的集成开发环境（Keil）·· 16

1.3.1　启动 Keil C51 μVision5 …… 16

1.3.2　使用 Keil 软件 ……………… 16

1.4　任务四　Proteus 仿真软件的使用 ……… 23

1.4.1　使用 Proteus 软件示例 ……… 23

1.4.2　软件对应库说明 ……………… 30

项目二　输入/输出功能（I/O） ……… 33

2.1　任务一　剖析 51 单片机并行 I/O 口 … 33

2.2　任务二　输出功能——点亮 LED … 36

2.3　任务三　输入功能——按键检测 … 41

项目三　数码管与矩阵键盘 …………… 45

3.1　任务一　数码管结构 ……………… 45

3.1.1　数码管的工作原理 …………… 45

3.1.2　数码管字形编码 ……………… 46

3.1.3　数码管静态显示 ……………… 47

3.1.4　数码管动态显示 ……………… 49

3.2　任务二　矩阵键盘扫描 …………… 51

3.2.1　矩阵键盘的工作原理 ………… 51

3.2.2　软件设计思路 ………………… 52

项目四　定时器/计数器 ……………… 56

4.1　任务一　定时器/计数器的工作原理 …… 56

4.1.1　初识定时器/计数器 …………… 56

4.1.2　定时器/计数器的寄存器 …… 57

4.2　任务二　定时器的使用 …………… 60

4.2.1　定时器/计数器初始化 ……… 60

4.2.2　定时器应用实例 ……………… 61

4.3　任务三　计数器的使用 …………… 64

项目五　中断系统 …………………… 66

5.1　任务一　中断的工作原理 ………… 66

5.1.1　中断的基本概念 ……………… 66

5.1.2　中断系统的结构 ……………… 66

5.1.3　中断处理过程 ………………… 70

5.2　任务二　中断的应用 ……………… 73

5.2.1　定时器中断 …………………… 73

5.2.2　外部中断 ……………………… 75

5.2.3　有关 STC12C5A60S2 的中断 … 78

项目六　串行通信 …………………… 80

6.1　任务一　串行通信基础 …………… 80

6.1.1　串行通信基本概念 …………… 80

6.1.2　串行接口的结构 ……………… 83

6.1.3　串行接口的工作方式 ………… 85

6.2　任务二　串行通信总线标准及其接口 … 88

6.2.1　RS-232 总线标准及接口 …… 88

6.2.2　PL2303 USB-RS232 转换接口 … 89

6.3　任务三　串行通信的应用 ………… 90

6.3.1　串行口初始化 ………………… 90

6.3.2　单片机与 PC 通信 …………… 92

6.3.3　单片机双机通信 ……………… 95

6.3.4　单片机多机通信 ……………… 98

项目七　液晶显示 …………………… 100

7.1　任务一　液晶显示模块原理 ……… 100

7.2　任务二　1602 液晶显示模块 …… 101

7.2.1　1602 字符型液晶基本工作原理 …… 101

7.2.2　1602 液晶应用实例 ………… 110

7.3 任务三 12864 液晶显示模块 ············112

7.3.1 12864 图形型液晶基本工作原理 ·····112

7.3.2 12864 液晶应用实例 ···············121

项目八 I^2C 总线与 E^2PROM ···········124

8.1 任务一 认识 I^2C 总线 ···········124

8.1.1 I^2C 总线内部结构 ·········124

8.1.2 I^2C 时序 ·············125

8.1.3 I^2C 数据传输格式 ·········126

8.1.4 I^2C 寻址模式 ···········126

8.2 任务二 走入 E^2PROM ···········131

8.2.1 E^2PROM 读写操作时序 ···········132

8.2.2 E^2PROM 跨页写操作时序 ··········133

8.3 任务三 基于 AT24C02 计数器的设计···133

项目九 DS18B20 温度传感器 ···········138

9.1 任务一 初识 DS18B20 ···········138

9.1.1 DS18B20 的功能及引脚 ···········138

9.1.2 DS18B20 的内部结构 ···········139

9.1.3 DS18B20 的工作原理 ···········141

9.2 任务二 DS18B20 的应用 ···········143

9.2.1 DS18B20 的工作时序 ···········143

9.2.2 DS18B20 的应用电路设计 ·········146

9.2.3 DS18B20 的应用实例 ···········147

附录 A ASCII 码字符表 ···········152

附录 B 单片机 C 语言基础 ···········156

附录 C 单片机 C 语言技术规范 ···········178

参考资料 ···········194

项目一 单片机及其开发环境

单片机本身是一个芯片，要使单片机产生功能作用必须辅以一定的外围硬件电路，并对其编程，将系统程序固化在芯片内。本项目主要从单片机概念入手，介绍单片机及其分类、特点和应用，通过介绍 51MCU-STC2.0 开发板的基本功能，使读者掌握能让单片机正常工作的最基本硬件电路即最小系统组成，同时熟悉单片机的软件集成开发环境 Keil 以及能进行单片机仿真的软件 Proteus。

1.1 任务一 初识单片机

目前，单片机已经渗透到我们生活的各个领域。导弹的导航装置，飞机上各种仪表的控制，计算机的网络通信与数据传输，工业自动化过程的实时控制和数据处理，广泛使用的各种智能 IC 卡；民用豪华轿车的安全保障系统，影碟机、摄像机、全自动洗衣机的控制，以及程控玩具、电子宠物等，这些都离不开单片机。更不用说自动控制领域的机器人、智能仪表、医疗器械了。因此，认识单片机、学习单片机、掌握单片机的开发与应用是电子信息、自动控制等专业领域工程技术人员必备的知识。

1.1.1 单片机的定义

单片微型计算机（Single Chip Microcomputer，SCM），简称单片机，是将微处理器（CPU）、存储器（ROM 和 RAM）、输入/输出接口（I/O 口）、定时器/计数器和其他多种功能器件集成在一块芯片上的微型计算机。与大家所熟知的计算机相比，可谓是"麻雀虽小，五脏俱全"。单片机只要和适当的软件及外部设备相结合，便可成为一个单片机控制系统，如图 1.1 所示。

（a）微型计算机　　　　　　　　　　（b）单片机

图 1.1　微型计算机与单片机

中文"单片机"的称呼是由英文名称"Single Chip Microcomputer"直接翻译而来的。单片机又称为嵌入式微控制器（Embedded Microcontroller Unit，EMCU），也是微控制单元 MCU（Micro Control Unit）中的一类。

单片机具有以下主要特点。

1. 集成度高，体积小，可靠性高

单片机将各功能部件集成在一块晶体芯片上，集成度很高，体积自然也是最小的。芯片本身是按工业测控环境要求设计的，内部布线很短，其抗工业噪音性能优于一般通用的 CPU。单片机程序指令、常数及表格等固化在 ROM 中不易破坏，许多信号通道均在一个芯片内，故可靠性高。

2. 控制功能强

为了满足对对象的控制要求，单片机的指令系统均有极丰富的条件：分支转移能力，I/O 口的逻辑操作及位处理能力，非常适用于专门的控制功能。

3. 低功耗

为了满足广泛使用于便携式系统的需求，许多单片机内的工作电压仅为 1.8～3.6V，而工作电流仅为数百微安。

4. 易扩展

片内具有计算机正常运行所必需的部件。芯片外部有许多供扩展用的三总线及并行、串行输入/输出管脚，很容易构成各种规模的计算机应用系统。

5. 性价比高

单片机的性能极高。为了提高速度和运行效率，单片机已开始使用 RISC 流水线和 DSP 等技术。单片机的寻址能力也已突破 64KB（16 位）的限制，有的已可达到 1MB 和 16MB，片内的 ROM 容量可达 62MB，RAM 容量则可达 2MB。由于单片机的广泛使用，其销量极大，各大公司的商业竞争更使其价格十分低廉，其性能价格比极高。

1.1.2 单片机的应用领域

单片机广泛应用于仪器仪表、家用电器、医用设备、航空航天、专用设备的智能化管理及过程控制等领域，大致可分如下几个范畴：

1. 工业控制与检测

用单片机可以构成形式多样的控制系统、数据采集系统、通信系统、信号检测系统、无线感知系统、测控系统、机器人应用控制系统。例如工厂流水线的智能化管理、电梯智能化控制、各种报警系统，与计算机联网构成二级控制系统等。

2. 智能仪器仪表

结合不同类型的传感器，可实现诸如电压、电流、功率、频率、湿度、温度、流量、速度、厚度、角度、长度、硬度、元素、压力等物理量的测量。采用单片机控制使得仪器仪表数字化、智能化、微型化，且功能比起采用电子或数字电路更加强大，应用于各种精密的测量设备（电压表、功率计，示波器，各种分析仪）。

3. 消费类电子产品

现在的家用电器基本上都采用了单片机控制，从电饭煲、洗衣机、电冰箱、空调机、彩电、音响设备，再到电子秤量设备。这些设备中嵌入单片机后，使其功能与性能大大提高，并实现了智能化、最优化控制。

4. 网络和通信

现代的单片机普遍具备通信接口，可以很方便地与计算机进行数据通信，为在计算机网络和通信设备间的联系提供了极好的物质条件，通信设备基本上都实现了单片机智能控制，从调制解调器、小型程控交换机、楼宇自动通信呼叫系统、列车无线通信，再到日常工作中随处可见的移动电话、集群移动通信、无线电对讲机等。

5. 医用设备领域

单片机在医用设备中的用途亦相当广泛，例如医用呼吸机、各种分析仪、监护仪、超声诊断设备及病床呼叫系统等。

6. 武器装备

在现代化的武器装备中，如飞机、军舰、坦克、导弹、鱼雷制导、智能武器装备、航天飞机导航系统等，都有单片机的嵌入。

7. 汽车电子

单片机在汽车电子中的应用非常广泛，例如汽车中的发动机控制器，基于 CAN 总线的汽车发动机智能电子控制器、GPS 导航系统、ABS 防抱死系统、制动系统、胎压检测等。

单片机应用的意义不仅在于它的广阔范围及所带来的经济效益，更重要的是单片机从根本上改变了控制系统传统的设计思想和设计方法。以前采用硬件电路实现的大部分控制功能，正在用单片机通过软件方法来实现。这种以软件取代硬件并能提高系统性能的控制技术称为微控技术。随着单片机应用的推广，微控制技术将不断发展完善。

1.1.3　单片机的类别

从最初的以 Intel 公司 MCS-48 为代表的具有较少片内资源、功能简单的单片机，到现阶段各种高性能单片机的出现和应用，单片机的发展大致经历了初级阶段、完善阶段、成熟阶段、性能提高阶段。随着技术的发展和应用需求的增加，单片机技术势必向低功耗、高性能、高集成、多品种等方向发展。

单片机按照用途，可分为通用型和专用型；根据数据总线的宽度和可处理的数据字节长度，可分为 4 位、8 位、16 位、32 位单片机。

1. MCS-51 系列单片机

MCS-51 是由美国 Intel 公司生产的一系列单片机的总称，包括若干品种，如 8031（片内无程序 ROM）、8051（片内有 4KB 掩膜 ROM）、8751（片内有 4KB EPROM）、89C51（片内有 4KB Flash ROM）等。

8031 单片机开创了 MCS-51 单片机的时代，而其后的 8051 是最基础、最典型的产品。这个系列其他单片机都是在 8051 的基础上进行功能的增减而来的。Intel 公司生产出 MCS-51 系列单片机以后，在 20 世纪 90 年代因致力于研制和生产微型计算机 CPU，而将 MCS-51 核心技术授权给了其他半导体公司，如 Atmel、Phillips、Siemens、AMD、Dalas 等。这些公司都普遍使用 MCS-51 内核，并在 8051 这个基本型单片机基础上增加资源和功能改进，使其速度越来越快，功能越来越强大，片上资源越来越丰富，即所谓的"增强型 51 单片机"。

2. AVR 系列单片机

AVR 系列单片机是美国 Atmel 公司的产品，最早是 AT90 系列，现在很多 AT90 单片机都转型给了 Atmega 系列和 Attiny 系列。AVR 单片机是精简指令（RISC）型工业级产品，这也是它的最大特点。

3. PIC 系列单片机

PIC 系列单片机是美国微芯（Microchip）公司的产品，也是一种精简指令型单片机，指令数量比较少，中档的 PIC 系列仅仅有 35 条指令而已，低档的仅有 33 条指令。但是，如果使用汇编语言编写 PIC 单片机的程序会有一个弱点，就是 PIC 中档单片机有一个翻页的概念，编写程序比较麻烦。

4．MSP430 系列单片机

MSP430 系列单片机是美国德州仪器（TI）公司的产品，是一种超低功耗、功能集成度较高的 16 位单片机，且具有精简指令集（RISC）的混合信号处理器（Mixed Signal Processor），特别适用于要求功耗低的场合，如应用于电池供电的便携式仪器仪表。

5．STC 系列单片机

STC 系列单片机是中国宏晶科技（STC micro）公司的产品，由外企设计，国内贴牌生产，此类芯片设计的时候就吸取了 51 系列单片机很容易被破解的教训，改进了加密机制。该系列单片机支持 ISP/IAP 在线串口下载功能，并有较强的抗干扰能力，也是目前使用较多的单片机芯片之一。

 拓展小知识

单片机的诞生：1974 年，美国仙童（Fairchild）半导体公司研制出第一台单片机 F8。

1976 年，美国 Intel 公司的 MCS-48 系列单片机问世。

51 单片机：是目前所有兼容 MCS-51 指令系统的单片机统称，包括 Intel MCS-51 系列单片机，以及其他厂商生产的兼容 MCS-51 内核的增强型 8051 单片机。目前市场上与 8051 兼容的典型产品有：Atmel 公司的 AT89C5x、AT89S5x（具有 ISP 在系统编程功能）、宏晶公司的 STC 系列产品（具有串口编程功能）以及 Silicon Labs 公司的 C8051F 系列单片机。

1.1.4 单片机的选择

当今单片机琳琅满目，产品性能各异。如何选择好单片机是项目开发首要解决的问题。

1．单片机的基本参数及其内部资源，如程序存储器容量、I/O 引脚数量、AD 或 DA 通道数量及转换精度等。

2．单片机的增强功能，例如看门狗、RTC、E^{2}PROM、扩展 RAM、CAN 总线接口、I^{2}C 接口、SPI 接口等。

3．Flash 和 OTP（一次性可编程）相比较，最好是 Flash。

4．封装，一般来说贴片的比直插的体积小，抗干扰性强，但是价格要贵一些。

5．工作温度范围，工业级还是商业级，如果设计户外产品，必须选用工业级。

6．工作电压范围，例如设计电视机遥控器，2 节干电池供电，至少应该能在 1.8～3.6V 电压范围内工作。

7．功耗，能够满足设计要求的前提下功耗越低越好。

8．供货渠道畅通，尽量选用市场上容易购买到的单片机。

9．有服务商，像 Microchip 公司支持 PIC，周立功公司支持 Philips，双龙公司支持 AVR，都提供了很多有用的技术资料，可以买到烧录器。

任务实施：上网登录 http://www.51job.com，在检索栏搜索"单片机"，查询两个以上公司有关单片机岗位的相关信息，并填写以下信息。

职位信息

公司名：＿＿＿＿＿＿＿＿＿＿＿＿＿＿＿＿

职位名：＿＿＿＿＿＿＿＿＿＿＿＿＿＿＿＿

主要职责：

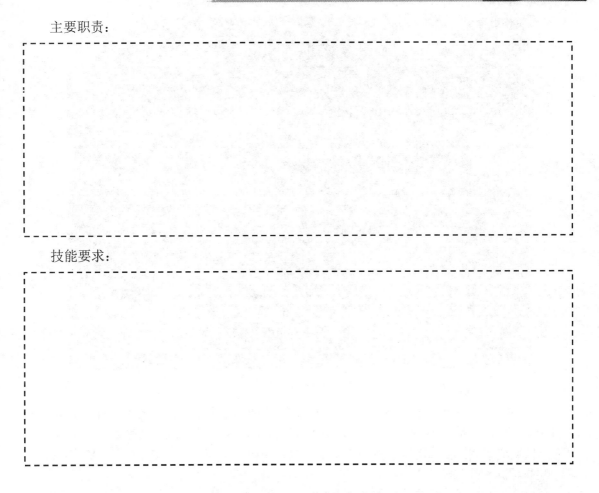

技能要求：

1.2　任务二　单片机应用系统

单片机就是一个芯片，单片机开发过程就是设计并实现单片机应用系统的过程。

1.2.1　单片机应用系统

单片机应用系统包括硬件系统（电路板）和软件系统（控制程序）两部分，二者相辅相成，缺一不可。硬件系统以单片机为控制核心，按照需要配以输入、输出、显示等外围接口电路，是应用系统的基础；控制程序完成资源合理调配和使用，并控制其按照一定顺序完成各种时序、运算或动作，从而实现应用系统所要求的任务。

1.2.2　典型单片机应用系统介绍

如图 1.2 所示，本系统是以宏晶科技公司的 STC12C5A60S2 单片机为控制核心，包括配有流水灯、数码管显示、矩阵键盘、RS232 串口通信、LCD1602 液晶显示（兼容 LCD12864 显示）、DS18B20 数字温度传感器、PCF8563 实时时钟、AT24C02 E^2PROM 储存等功能的硬件电路板，通过编写相应的控制程序，控制程序下载到 STC12C5A60S2 单片机中，该应用系统才能工作。

图 1.2 单片机应用系统（STC2.0 开发板）

STC12C5A60S2 单片机是 STC 公司生产的单时钟/机器周期（1T）的单片机，是高速/低功耗/超强抗干扰的新一代 8051 单片机，指令代码完全兼容传统 8051，但速度快 12 倍，内部集成 MAX810 专用复位电路，2 路 PWM，8 路高速 10 位 A/D 转换（250K/S，即 25 万次/秒），针对电机控制、强干扰场合。

注：众多功能强大的单片机都是基于 MCS-51 系列单片机发展的，因此在学习单片机时，尤其是讲解内部结构，依然重点剖析 MCS-51 系列单片机。

1.2.3 剖读 MCS-51 单片机

自从 Intel 公司 20 世纪 80 年代推出 MCS-51 系列单片机以后，世界上许多著名的半导体厂商（如 Atmel、Philips、Dallas、Motorola、Microchip、TI 等）相继生产了与这个系列兼容的单片机，使产品型号不断增加，品种不断丰富，功能不断增强。从系统结构上讲，所有的 MCS-51 系列单片机都是以 Intel 公司最早的典型产品 8051 为核心。

1. MCS-51 单片机内部结构

MCS-51 单片机由中央处理器（CPU）、程序存储器（ROM）、数据存储器（RAM）、定时/计数器、I/O 接口、中断系统等组成，其内部结构如图 1.3 所示，结构原理图如图 1.4 所示。

（1）中央处理单元（CPU）

中央处理单元是单片机的核心部件，完成运算和控制功能。CPU 由运算器和控制器组成，运算器包括一个 8 位算术逻辑单元（ALU）、8 位累加器（ACC）、8 位暂存器、寄存器 B、程序状态寄存器（PSW）等，完成各种算术和逻辑运算。控制器包括程序计数器（PC）、指令寄存器（IR）、指令译码器（ID）、控制电路等，控制单片机各部件协调工作。

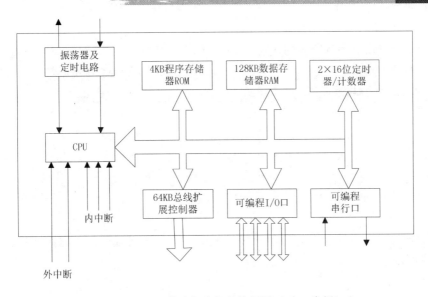

图 1.3　MCS-51 单片机内部结构框图（8051 为例）

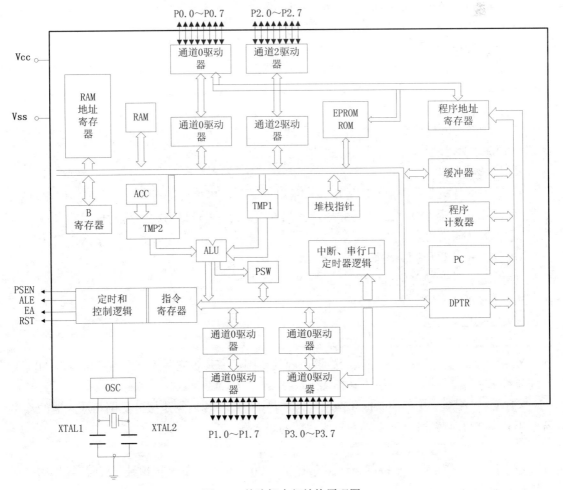

图 1.4　单片机内部结构原理图

（2）片内程序存储器（ROM）

8051 共有 4096 个字节空间的掩膜 ROM，用以存放程序、原始数据和表格，但是也有些单片机内部本身不附带 ROM，如 8031、80C31。如果片内 ROM 容量不够，片外还可以扩展最大 64KB 程序存储器。

（3）片内数据存储器（RAM）

RAM 用以存放可以读写的数据，如运算中间结果、最终结果以及显示的数据等。8051 内部有 128 个 8 位数据存储单元和 128 个专用寄存器单元，它们是统一编址的，专用寄存器只能用于存放控制指令数据，用户只能访问，不能存放用户数据，因此用户能使用的 RAM 只有 128 个。片外还可以扩展最大 64KB 的数据存储器。

（4）并行接口

51 系列单片机提供了 4 个 8 位并行接口（P0～P3），每个 I/O 口可以用作输入，也可用作输出，实现数据的并行输入/输出。

（5）串行接口

51 系列单片机有一个全双工的串行接口，可以实现单片机之间或其他设备之间的串行通信。该串行口的功能较强，既可以作为全双工异步通信收发器使用，也可以作为同步移位器使用。51 系列单片机的串行口有 4 种工作方式，可以通过编程选定。

（6）定时器/计数器

51 系列单片机共有 2 个 16 位的定时器/计数器（52 子系列有 3 个），每个定时器/计数器既可以设置成计数方式，也可以设置为定时方式，以其计数或定时结果对计算机进行控制。

（7）中断系统

51 系列单片机共有 5 个中断源（52 系列有 6 个），分为 2 个优先级，每个中断源的优先级都可以通过编程进行控制。

（8）时钟电路

51 系列单片机芯片内部有时钟电路，用以产生整个单片机运行的脉冲序列，但需要外接石英晶体和微调电容，常见的晶振频率选择为 6MHz、11.0592MHz 或 12MHz。

2. 引脚功能说明

MCS-51 单片机引脚结构如图 1.5 所示。

（1）电源引脚 V_{CC} 和 GND

V_{CC}（40 脚）：电源端，接+5V。

GND（20 脚）：接地端。

（2）时钟电路引脚 XTAL1 和 XTAL2

XTAL1（19 脚）：接外部晶振和微调电容的一端，在片内它是振荡器倒相放大器的输入，若使用外部 TTL 时钟时，该引脚必须接地。

XTAL2（18 脚）：接外部晶振和微调电容的另一端，在片内它是振荡器倒相放大器的输出，若使用外部 TTL 时钟时，该引脚为外部时钟的输入端。

（3）ALE（30 脚）：地址锁存允许

系统扩展时，ALE 用于控制地址锁存器锁存 P0 口输出的低 8 位地址，从而实现数据与低位地址的复用。

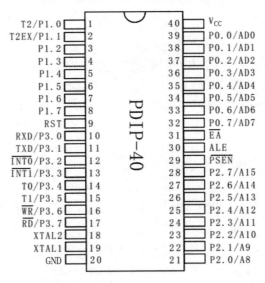

图 1.5　MCS-51 单片机引脚图

（4）$\overline{PSEN}$（29 脚）：外部程序存储器读选通信号

$\overline{PSEN}$ 用于读外部程序存储器的选通信号，低电平有效。

（5）$\overline{EA}/V_{PP}$（31 脚）：片外程序存储器地址允许输入端

当 $\overline{EA}/V_{PP}$ 为高电平时，CPU 执行片内程序存储器指令，但当 PC 中的值超过 0FFFH 时，将自动转为执行片外程序存储器指令。当 $\overline{EA}/V_{PP}$ 为低电平时，CPU 只执行片外程序存储器指令。

（6）RST（9 脚）：复位信号输入端

该信号高电平有效，在输入端保持两个机器周期的高电平后，就可以完成复位操作。

（7）4 个输入/输出端口 P0、P1、P2 和 P3

P0 口（P0.0～P0.7）：P0 口是一个 8 位漏极开路的双向 I/O 口。作为输出口，每位能驱动 8 个 TTL 逻辑电平。对 P0 端口写"1"时，引脚用作高阻抗输入。

当访问外部程序和数据存储器时，P0 口也被作为低 8 位地址/数据复用。在这种模式下，P0 具有内部上拉电阻。

在 Flash 编程时，P0 口也用来接收指令字节；在程序校验时，输出指令字节。程序校验时，需要外部上拉电阻。

P1 口（P1.0～P1.7）：它是一个内部带上拉电阻的 8 位准双向 I/O 口，P1 口的驱动能力为 4 个 LS 型 TTL 负载。通常，P1 口是提供给用户使用的 I/O 口。Flash 编程和程序校验期间，P1 接收低 8 位地址。同时 P1.5、P1.6、P1.7 具有第二功能，见表 1.1。

表 1.1　P1.5、P1.6、P1.7 的第二功能

端口引脚	第二功能
P1.5	MOSI（用于 ISP 编程）
P1.6	MISO（用于 ISP 编程）
P1.7	SCK（用于 ISP 编程）

P2 口（P2.0～P2.7）：P2 是一个带内部上拉电阻的 8 位双向 I/O 口，P2 的输出缓冲级可驱动（吸收或输出电流）4 个 TTL 逻辑门电路。对端口写"1"，通过内部的上拉电阻把端口拉到高电平，此时可作输入口，作输入口使用时，因为内部存在上拉电阻，某个引脚被外部信号拉低时会输出一个电流（IIL）。

在访问外部程序存储器或 16 位地址的外部数据存储器时，P2 口送出高 8 位地址数据。在访问 8 位地址的外部数据存储器时，P2 口线上的内容[也即特殊功能寄存器（SFR）区 P2 寄存器的内容]，在整个访问期间不改变。

Flash 编程或校验时，P2 亦接收高位地址和其他控制信号。

P3 口（P3.0～P3.7）：P3 口是一组带内部上拉电阻的 8 位双向 I/O 口。P3 口输出缓冲级可驱动（吸收或输出电流）4 个 TTL 逻辑门电路。对 P3 口写入"1"时，它们被内部上拉电阻拉高并可作为输入端口。作输入端时，被外部拉低的 P3 口将用上拉电阻输出电流（IIL）。

P3 口除了作为一般的 I/O 线外，更重要的用途是它的第二功能，见表 1.2。

P3 口还接收一些用于 Flash 闪速存储器编程和程序校验的控制信号。

表 1.2　P3 口的第二功能

引脚	功能	引脚	信号名称
P3.0	串行数据接收口（RXD）	P3.4	定时器/计数器 0 的外部输入口（T0）
P3.1	串行数据发送口（TXD）	P3.5	定时器/计数器 1 的外部输入口（T1）
P3.2	外部中断 0（$\overline{\text{INT0}}$）	P3.6	外部 RAM 写选通信号（$\overline{\text{WR}}$）
P3.3	外部中断 1（$\overline{\text{INT1}}$）	P3.7	外部 RAM 读选通信号（$\overline{\text{RD}}$）

1.2.4　单片机最小系统

所谓单片机最小系统，是指用最少的元件能使单片机工作起来的一个最基本的组成电路。那么拿到一块单片机芯片，想要使用它，怎么办呢？对 51 系列单片机来说，最小系统一般应该包括：电源、晶振电路、复位电路等。而单片机要正常运行，还必须具备电源正常、时钟正常、复位正常三个基本条件。STC2.0 开发板单片机最小系统电路如图 1.6 所示。

 拓展小知识

电路图中放置在连线上的字符叫做网络标号（NetLabel），相同名字的网络标号表示这两处地方实际是连在一起的。例如图 1.6 中，C16 的右端就是与单片机的第 9 脚连在一起的（网络标号均为 RESET）。

图 1.6 的最小系统电路节选自 STC2.0 开发板原理图，下面根据该图来具体分析最小系统的三要素。

1. 电源

电源是单片机工作的动力源泉。STC2.0 开发板所选用的单片机为 STC12C5A60S2，它需要 5V 的供电系统，采用 USB 口输出的 5V 直流电源直接供电。从单片机引脚图可以看到，供电电路在 40 脚和 20 脚的位置上，40 脚接的是+5V，通常也称为 V_{CC} 或 V_{DD}，代表的是电源正极，20 脚接的是 GND，代表的是电源的负极。

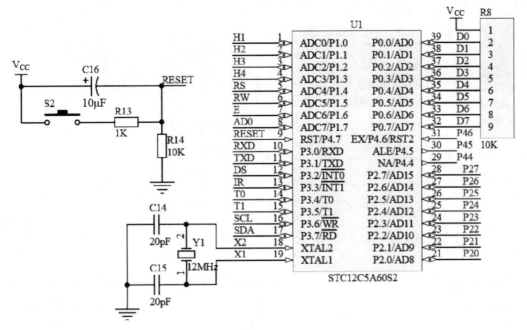

图 1.6　STC2.0 开发板单片机最小系统电路

2．时钟电路

时钟电路为单片机产生时序脉冲，单片机所有运算与控制过程都是在统一的时序脉冲的驱动下进行的。如果单片机的时钟电路停止工作（晶振停振），那么单片机也就停止运行了。

在 51 系列单片机内部有一个高增益反相放大器，其输入端引脚为 XTAL1（19 脚），输出端引脚为 XTAL2（18 脚），只需要在两脚之间跨接晶体振荡器和微调电容，就可以构成一个稳定的自激振荡器，一般微调电容取 30pF 左右，起稳定频率和快速起振的作用。晶体振荡器简称晶振，典型值一般为 6MHz 或 12MHz。

机器周期：51 系列单片机完成一个基本操作所需的时间称为机器周期，规定一个机器周期为 12 个振荡脉冲周期，如当 f_{osc}=12MHz 时，一个机器周期为 1μs。

指令周期：指令周期是最大的时序定时单位，执行一条指令所需的时间称为指令周期。它一般由若干个机器周期组成，不同的指令，所需要的机器周期数也不相同。通常，包含 1个机器周期指令称为单周期指令，包含 2 个机器周期指令成为双周期指令，以此类推。

3．复位电路

在复位引脚（9 脚）持续出现 24 个振荡器脉冲周期（即 2 个机器周期）以上的高电平信号将使单片机复位，此时，一些专用寄存器的状态值将恢复为初始值。单片机复位一般是 3种情况：上电复位、手动复位、程序自动复位。

图 1.7（a）为上电复位电路，它是利用电容充电来实现的。在接电瞬间，RST 端的电位与 V_{CC} 相同，随着充电电流的减少，RESET 的电位逐渐下降。只要保证 RESET 为高电平的时间大于 2 个机器周期，便能正常复位。

图 1.7（b）为按键复位电路。该电路除具有上电复位功能外，若要复位，只需按图 1.7（b）中的 RESET 键，此时电源 V_{CC} 经电阻 R1、R2 分压，在 RST 端产生一个复位高电平。

复位后，内部各专用寄存器状态见表 1.3。

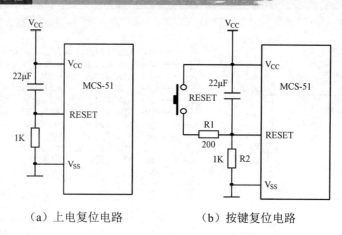

（a）上电复位电路　　　　（b）按键复位电路

图 1.7　单片机常见的复位电路

表 1.3　各特殊功能寄存器初始状态

寄存器	状态	寄存器	状态
PC	0000H	TCON	00H
ACC	00H	TL0	00H
PSW	00H	TH0	00H
SP	07H	TL1	00H
DPTR	0000H	TH1	00H
P0～P3	FFH	SCON	00H
IP	xxx00000H	SBUF	不确定
IE	0xx00000H	PCON	0xxx0000H
TMOD	00H		

其中 x 表示无关位。请注意：

（1）复位后 PC 值为 0000H，表明复位后程序从 0000H 开始执行。

（2）SP 值为 07H，表明堆栈底部在 07H。一般需重新设置 SP 值。

（3）P0～P3 口值为 FFH。P0～P3 口用作输入口时，必须先写入"1"。单片机在复位后，已使 P0～P3 口每一端线为"1"，为这些端线用作输入口做好了准备。

下面着重介绍一下复位对单片机的作用。

假如单片机程序有 100 行，当某一次运行到第 50 行的时候，突然停电了，这个时候单片机内部有的区域数据会丢失掉，有的区域数据可能还没丢失。下次打开设备的时候，我们希望单片机能正常运行，所以上电后，单片机要进行一个内部的初始化过程，这个过程就可以理解为上电复位，上电复位保证单片机每次都从一个固定的相同的状态开始工作。这个过程类似于打开电脑电源开电脑的过程。

当程序运行时，如果遭受到意外干扰而导致程序死机，或者程序跑飞的时候，可以按下一个复位按键，让程序重新初始化重新运行，这个过程就叫作手动复位，类似于电脑的重启按钮。

当程序死机或者跑飞的时候，单片机往往有一套自动复位机制，比如看门狗（WDT），具体应用以后再了解。在这种情况下，如果程序长时间失去响应，单片机看门狗模块会自动复位重启单片机。还有一些情况是程序故意重启复位单片机。

电源、晶振、复位构成了单片机最小系统的三要素，也就是说，单片机具备了这三个条件，就可以运行所下载的程序了，其他的如 LED 流水灯、数码管、液晶显示器等设备都是属于单片机的外部设备，即外设，最终完成想要实现的功能就是通过对单片机编程来控制各种各样的外设实现的。

1.2.5 单片机应用系统开发流程

单片机应用系统开发流程一般包括以下几个步骤。

1. 明确任务

首先分析实际需求，明确设计任务与要求，进行总体方案设计，包括单片机选型、外部元器件配置、硬软件划分等。

2. 设计硬件

包括设计硬件电路与制作电路板；可使用电路设计软件（Altium Designer、 PowerPCB 等）进行电路图的设计与绘制，制作电路板也可先使用该类软件进行 PCB 图纸设计，然后制作 PCB 板或者用万能板、面包板手动焊接制作电路板。

3. 设计控制程序

根据设计要求，设计控制程序，以完成具体的应用。选择的集成开发环境应根据使用的单片机型号进行匹配，如 C51 类单片机均可使用 Keil C51。

4. 硬软件联调

硬软件联调是单片机应用系统开发过程中的重要阶段，用来排除设计中的硬件故障和程序中的错误。因为单片机硬件和控制程序的支持能力有限，一般自身无调试能力，所以必须配备具有仿真调试功能的开发工具，如果没有在线仿真工具，也可以跳过。

本步骤中还可在硬软件联调前进行软件仿真，常用的有 Proteus 仿真软件。

5. 下载运行

将控制程序编译成十六进制代码（.hex）文件，下载到单片机中，就可以看到运行效果。通常，以上步骤总是反复进行，不断修改设计，直到系统运行效果达到设计要求。

 拓展小知识

十六进制代码（.hex）文件是一个文本文件，可以用记事本等工具打开查看，内容如下：

```
:0F081600E4F5A063A0FF7FF47E0112080080F4D8
:10080000EF1FAA0670011E4A600BE4FDEDD3947839
:0508100050EE0D80F721
:0108150022C0
:03000000020825CE
:0C082500787FE4F6D8FD75810702081604
:00000001FF
```

以上内容是用十六进制数据表示的地址信息和指令码，即二进制程序，也称为机器语言程序，是单片机能够直接执行的程序。用 C 语言或者汇编语言书写的代码称为源程序，源程序必须经过汇编、连接等编译过程，生成机器语言程序，才能下载到单片机并运行。

任务实施：根据套件清单及参考原理图，完成 STC2.0 开发板的焊接及调试工作，检查焊接质量及工艺后，下载示例程序测试各功能模块运行情况（图 1.8 STC2.0 开发板原理图附后）。

焊接工艺：

（检查各元件装配位置，有无错装、反装情况；各焊点大小是否均匀，有无毛刺或虚焊；PCB 板有无残留焊料杂质，直插类元件是否剪脚，长度是否美观一致）

功能测试：

（主要测试流水灯、数码管、矩阵键盘、液晶显示等模块工作状态）

故障记录：

（功能测试各模块时，如发现工作不正常，请记录故障现象及解决故障的方法）

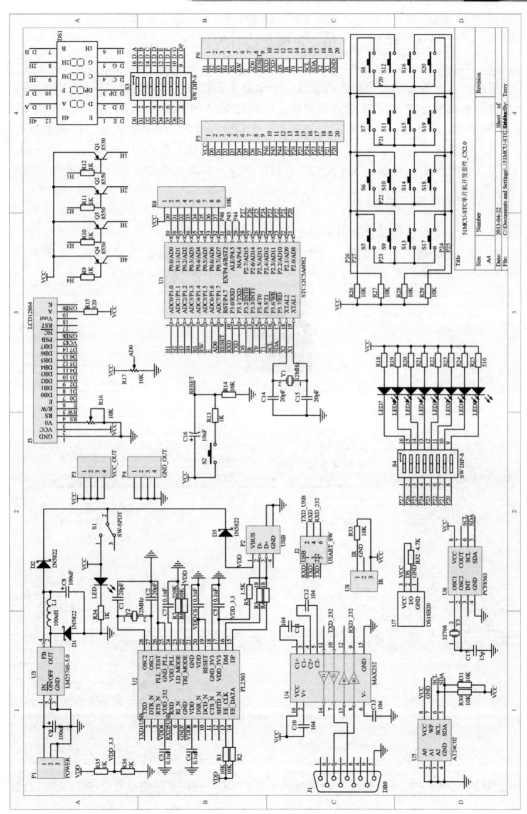

图 1.8　STC2.0 开发板原理图

1.3 任务三 单片机的集成开发环境（Keil）

单片机的开发，需要的一个是编程软件，一个是下载软件（下载软件在项目二中介绍）。编程软件中目前最流行的开发 51 单片机的软件版本是 Keil μVision5，也叫 Keil C51，它提供了包括 C 编译器、宏汇编、连接器、库管理和一个功能强大的仿真调试器等在内的完整开发方案，通过一个集成开发环境将这些部分组合在一起。掌握这个软件的使用方法，对于 51 单片机的开发人员来说十分必要，下面我们按照操作步骤，学习 Keil C51 软件的基本操作方法。

1.3.1 启动 Keil C51 μVision5

将软件安装完毕后在桌面上双击 Keil μVision5 的图标（如图 1.9 所示），启动该软件。进行 Keil C51 后，就会进入欢迎界面，几秒钟后将出现编辑界面，如图 1.10 所示，从图中可以很轻松地分辨出菜单栏、工具栏、工程管理区、程序代码区和信息输出窗口。

图 1.9 Keil μVision5 软件启动图标

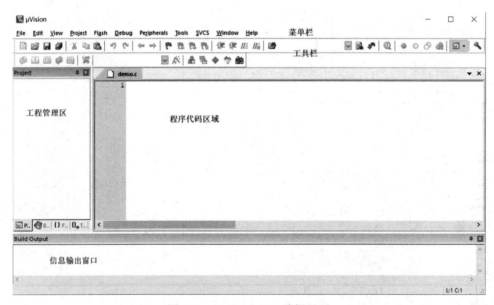

图 1.10 Keil μVision5 编辑界面

1.3.2 使用 Keil 软件

下面通过一个 C51 程序的实现，来学习 Keil C51 软件的基本使用操作方法和基本的调试技巧。

1. 任务要求

用 Keil 软件编辑编译一段 C51 程序，实现系统板上 LED 流水灯全部闪烁的效果。

2. 分析任务编写程序

根据任务编写的 C51 源程序如下：

```
#include "reg52.h"              //包含头文件
void delayMs(unsigned int);     //延时函数声明
void main(){                    //主函数
    P2 = 0x00;                  //初始化 P2 口，点亮 LED
    while(1){
        P2 = ~P2;               //状态取反
        delayMs(500);           //延时约 500ms
    }
}

void delayMs(unsigned int cnt){ //延时函数定义
    unsigned char i;
    while(cnt--){
        for(i=0;i<=120;i++);
    }
}
```

以上程序的意思在后续项目学习中大家将会明白，暂时不用深究，只需要把代码复制到 Keil 里，按照如下的步骤一步一步操作，掌握 Keil 的使用步骤即可。

3. 程序编译调试

（1）建立一个新的工程项目

单击 Project 菜单，在弹出的下拉菜单中选中 New Project 选项，如图 1.11 所示。

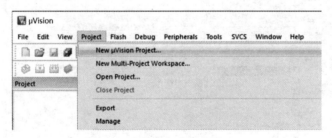

图 1.11　建立新工程项目操作框

（2）保存工程项目

选择要保存的文件路径，输入工程项目文件的名称，如保存的路径为 LED 文件夹，工程项目的名称为 LED，如图 1.12 所示，单击"保存"按钮。建议大家每新建一个工程都新建一个文件夹，把该工程的所有文件都存放在同一个文件夹中，便于查找与修改。

（3）为工程项目选择单片机型号

在弹出的对话框中选择需要的单片机型号，如图 1.13 所示，因为 Keil 软件是非国产开发的，所以国内的 STC12C5A60S2 不在列表里面，但是只要选择同类型号就可以了（后续会教大家导入国产 STC 系列型号）。因为 51 内核是由 Intel 公司创造的，所以这里直接选择 Intel 公司名下的 80/87C52 来代替，这个选项的选择对于后边的编程没有任何的不良影响。

图 1.12 "建立新工程项目"对话框

如图 1.13 选定型号，单击 OK 按钮之后，会弹出一个对话框，如图 1.14 所示，每个工程都需要一段启动代码，如果单击"否"按钮，编译器会自动处理这个问题，如果单击"是"按钮，这部分代码会提供给用户，就可以按需要自己去处理这部分代码。这部分代码在初学 51 的这段时间内，一般是不需要去修改的，但是随着技术的提高和知识的扩展，就有可能会需要了解这块内容，因此这个地方单击"否"按钮，暂时不需要这段代码出现。

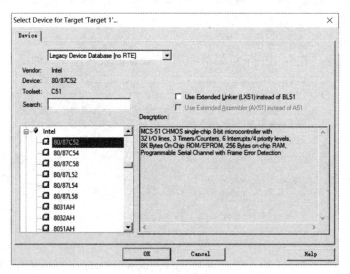

图 1.13 "CPU 选择"对话框

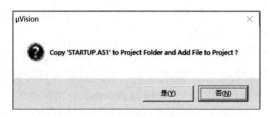

图 1.14 启动代码选择

在图 1.14 中单击"否"按钮后，出现如图 1.15 所示的开发平台界面。

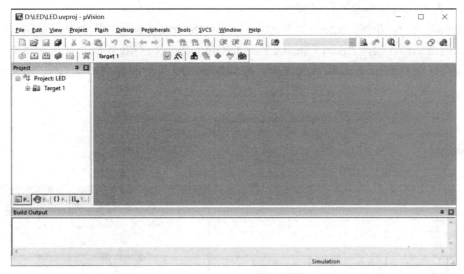

图 1.15　新工程项目建好后的对话框

（4）新建源程序文件

在图 1.15 中单击 File 菜单项，选择下拉菜单中的 New 选项，新建文件后得到如图 1.16 的界面。

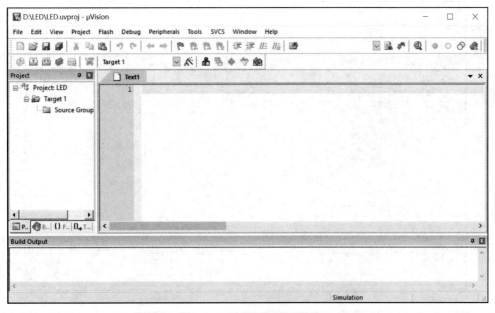

图 1.16　新建文件后屏幕图

（5）保存源程序文件

单击 File 菜单项，选择下拉菜单中的 Save 选项，在弹出的对话框中选择保存的路径及源程序的名称，如图 1.17 所示。保存源程序时注意输入后缀名，如果是用汇编语言写的源程序保存时后缀名为".asm"，如果是用 C 语言编写的源程序保存时后缀名为".c"，如果是用 C 语言编写的头文件保存时后缀名为".h"。

（6）为工程项目添加源程序文件

在编辑界面中，单击 Target1 前面的"+"，在"Source Group 1"上单击右键，得到如图 1.18 所示的对话框，选择"Add Existing Files to Group 'Source Group 1'"，弹出对话框，选中要添加的源程序文件 LED.c，单击 Add 按钮，得到如图 1.19 所示的界面，同时，在"Source Group 1"文件夹中多了一个我们添加的 LED.c 文件。

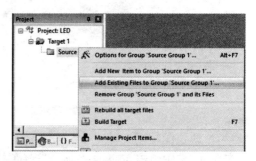

图 1.17　"保存源程序文件"对话框　　　　图 1.18　"为工程项目添加源程序文件"操作框

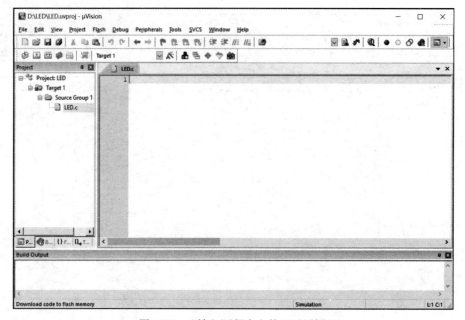

图 1.19　"输入源程序文件"对话框

（7）输入源程序文件

在文件编辑栏中输入源程序，源程序输入完成后，保存，得到如图 1.20 所示的界面。程序中的关键字以不同的颜色提示用户加以注意，这就是事先保存待编辑的文件的好处，即 Keil C51 会自动识别关键字。

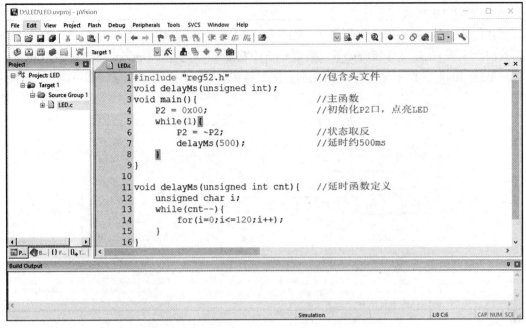

图 1.20　"源程序输入完成后"对话框

（8）编译源程序

单击"Project"菜单项，选择"Rebuild all target files"选项，或者单击图 1.21 中的快捷图标，就可以对程序进行编译了。

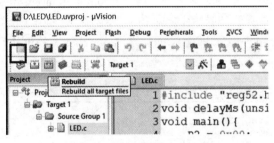

图 1.21　编译程序

编译完成后，在 Keil 下方的 Build Output 窗口会出现相应的提示，如图 1.22 所示，这个窗口提示编译完成后的情况，"data=9.0"指的是程序使用了单片机内部 RAM 资源中的 9 个字节，"code=52"的意思是使用了 ROM 资源中的 52 个字节。当提示"0 Error(s), 0 Warning(s)"表示程序没有错误和警告。如果出现有错误和警告提示的话，就是 Error 和 Warning 前面不是 0，那么就要对程序进行检查，找出问题。

```
Build Output
Build target 'Target 1'
linking...
Program Size: data=9.0 xdata=0 code=52
".\Objects\LED" - 0 Error(s), 0 Warning(s).
Build Time Elapsed:  00:00:03
```

图 1.22　编译输出信息

（9）生成 HEX 代码文件

单片机可加载的是 HEX 代码文件，因此程序编译以后必须生成 HEX 文件才能烧录到单片机芯片内。生成 HEX 文件步骤如下：右键单击"Target 1"选择"Options for Target 'Target1'..."选项，在弹出的对话框中单击 Output 选项，选中其中的"Create HEX File"项，如图 1.23 所示。

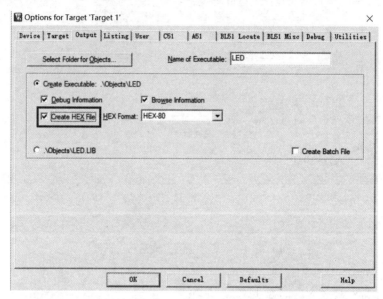

图 1.23 "设置生成 Hex 代码文件"操作框

设置完以后，再次单击 Project 菜单项选择"Rebuild all target files"选项，查看 Keil 下方的 Output 窗口，如图 1.24 所示，对比图 1.24 和图 1.22，发现多出了倒数第二行的内容"creating hex file from ".\Objects\LED"..."，即生成了后缀名为".hex"的可执行文件，要下载到单片机上的就是这个 HEX 文件。

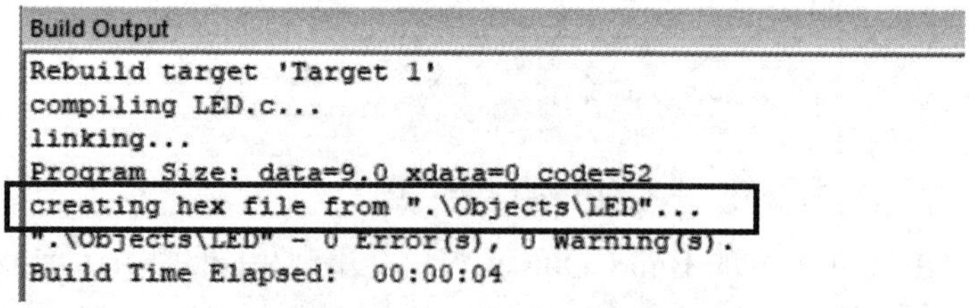

图 1.24 编译输出信息

到此，一个完整的工程项目就在 Keil C51 软件上编译完成了。

Keil 软件菜单栏和工具栏的具体细化功能，都可以很方便地从网上查到，随用随查即可。在这里只介绍一点，关于 Keil 软件里边的字体大小和颜色设置。在菜单单击 Edit→Configuration→Colors &Fonts 命令，可以进行字体类型、颜色、大小的设置。

如果用的是 C 语言编程，在 Window 栏中选择 C/C++ Editor files，然后在右侧 Element 栏目里可以选择要修改的内容，如图 1.25 所示，比如：Text—普通文本、Number—数字、Block Comment—多行注释、Line Comment—单行注释、Keyword—关键字、String—字符串，Keil 本身都是有默认设置的，可以直接使用默认设置，也可以按照自己的要求去修改。

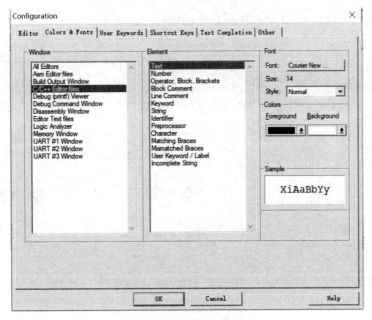

图 1.25　字体设置

此外，在使用过程中不小心关闭了某个窗口，最常见的是将工程管理区窗口关闭了，如要恢复默认视图窗口，只需单击 Window 菜单下的 Reset View to Defaults 即可恢复到默认视图窗口，如图 1.26 所示。

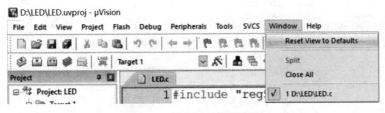

图 1.26　恢复默认视图设置

1.4　任务四　Proteus 仿真软件的使用

Proteus 软件是英国 Lab Center Electronics 公司的嵌入式系统仿真开发平台。在 51 系列单片机的学习与开发过程中，如果将 Keil C51 软件和 Proteus 软件有机结合起来，那么 51 系列单片机的设计与开发将在软硬件仿真上得到完美的结合。由于低版本的 Proteus 不能运行于 Win 8 及以上系统，所以本教材介绍的是专业版 Proteus 8.0，可以运行在 Win 8 和 Win 10 系统中，其版本及其元器件的数据库升级更新及时。

1.4.1　使用 Proteus 软件示例

下面以一个实例来学习单片机硬件仿真软件 Proteus 的使用。

1. 任务要求

用 Proteus 仿真软件，实现单片机最小系统的简单应用。要求：使用单片机 AT89C52 的

P2 口控制 8 个发光二极管 LED 全部闪烁。电路原理图如图 1.27 所示。

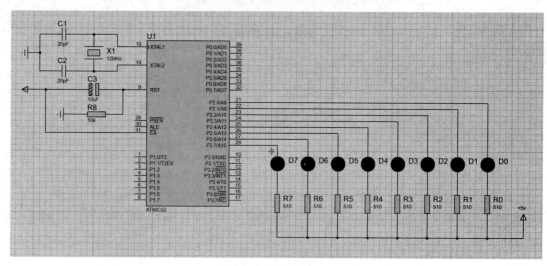

图 1.27　电路原理图

2. 任务实现步骤

双击电脑桌面上的 Proteus 8 Professional 图标或者在程序菜单中选择"Proteus 8 Professional"，进入 Proteus 8 Professional 集成环境。

（1）建立一个新的工程

在主页界面上单击 New Project 或者单击"File"菜单项，选择下拉菜单中的 New Project 选项，弹出"新建工程向导"对话框，如图 1.28 所示。在图 1.28 中修改工程名称和保存路径，否则将按默认名字和路径保存（建议修改），改后单击 Next 按钮。

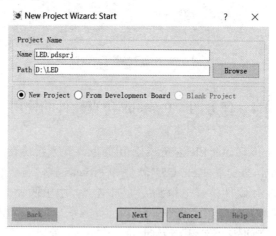

图 1.28　新建工程向导

弹出原理图设计对话框，如图 1.29 所示。因为我们要进行原理图仿真，所以选择"Create a schematic from the selected template"单选项，并根据自己的要求选择设计文件的纸张，在这里由于原理图简单，所以选择"Landscape A4"即 A4 大小纸张就可以了。选择好以后单击 Next 按钮。

弹出 PCB 布局对话框，如图 1.30 所示。可以根据自己的需要进行选择，我们在这里仅进行原理图仿真，不设计 PCB，所以按默认设置即可，单击 Next 按钮进入下一步。

图 1.29　创建原理图

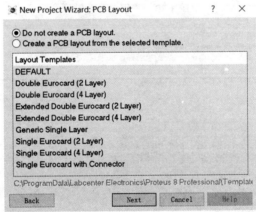

图 1.30　PCB 布局

弹出固件选择对话框，如图 1.31 所示，可以为工程固定一款单片机，也可以选择"No Firmware Project"，再在原理图中手动添加单片机。我们按默认设置，单击 Next 按钮进入下一步。

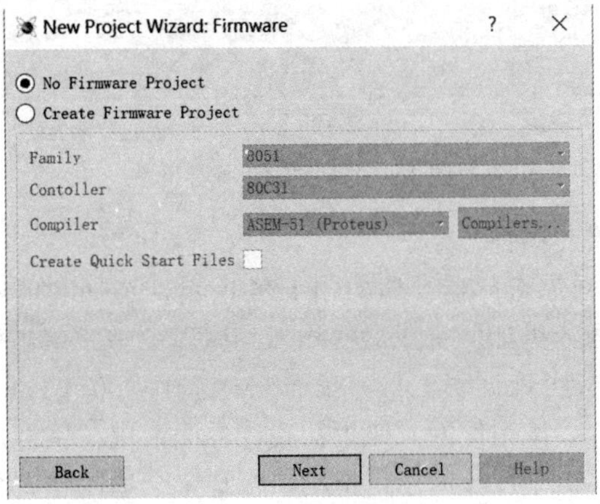

图 1.31　固件选择

弹出"工程向导总结"对话框，如图 1.32 所示，总结我们在前面的步骤中的各项选择结果。单击 Finish 按钮完成新建工程步骤，进入原理图设计界面，如图 1.33 所示。

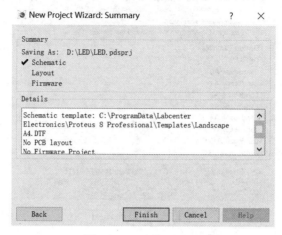

图 1.32　工程向导总结

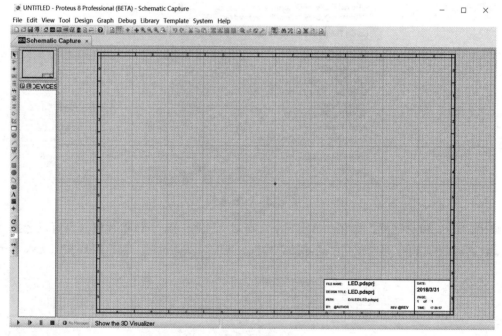

图 1.33　原理图设计界面

（2）为工程选择电路元器件

将所需元器件加入到对象选择器窗口如图 1.34 所示，选择的单片机型号为 AT89C52，下面以单片机 AT89C52 为例分析如何将元器件添加到原理图中。单击对象选择器按钮 **P**，选择"Microprocessor ICs"类（可依据表 1.4），在子类中选择"8051 Family"，然后在"Results"中找到 AT89C52，单击 OK 按钮便回到原理图设计界面，单机鼠标左键，出现一个红色框框表示的单片机 AT89C52，如图 1.35 所示，拖动鼠标选定合适的位置再单击鼠标左键便放置好了单片机。

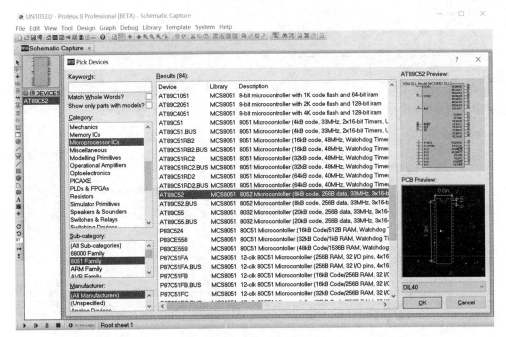

图 1.34　元器件选择界面

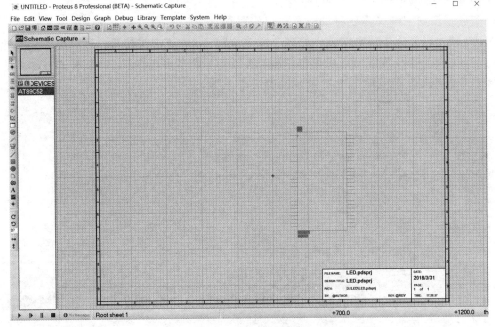

图 1.35　放置元器件

注：因为 Proteus 是非国产软件，所以仿真库中不带 STC 系列单片机，51 系列可以直接选用 AT89C51/AT89C52 芯片替代进行仿真。

用同样的方法添加 C1～C2（CAP）、C3（CAP-ELEC）、X1（CRYSTAL）、R0～R8（RES）、D0～D7（LED-RED）。在绘图工具栏中选择 █，选中"POWER""GROUND"，为设计添加电源和接地。得到如图 1.36 所示的设计界面。

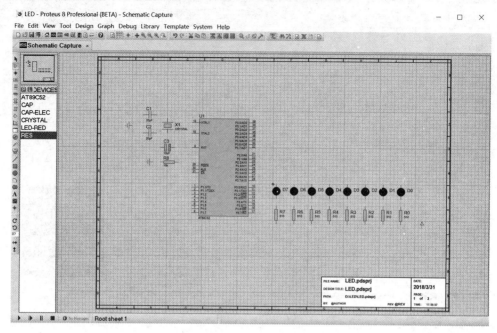

图 1.36   设计界面

（3）设计电路元器件的布局与连线

在图形编辑窗中选择需要移动的元件，放置到合适的位置。单击右键选中元件，单击并拖动左键，就可以将需要移动的元件移到合适的位置。元件连线时将鼠标移到需连线的元件节点单击左键，移到下一连线节点再单击左键，就可将两个节点连接了。用同样的方法将所有需要连接的节点连接。得到如图 1.37 所示的电路原理图。

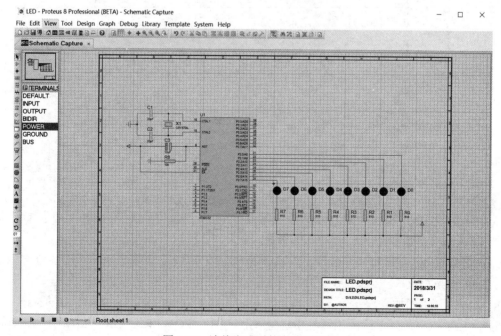

图 1.37   连线完成后的电路原理图

（4）编辑电路原理图元件

对于电路中的元件，必要时需对其进行属性或参数的修改，如电容值和电阻值等。鼠标左键双击，打开编辑窗，可以修改元件的名称、值和 PCB 封装等属性。如图 1.38 所示是编辑电阻元件 R6 的元件编辑窗，将 Resistance 改为 510（510 欧）。用同样的方法将需要修改参数值的元件修改，如 X1（Crystal）的 Frequency 改为 12MHz。

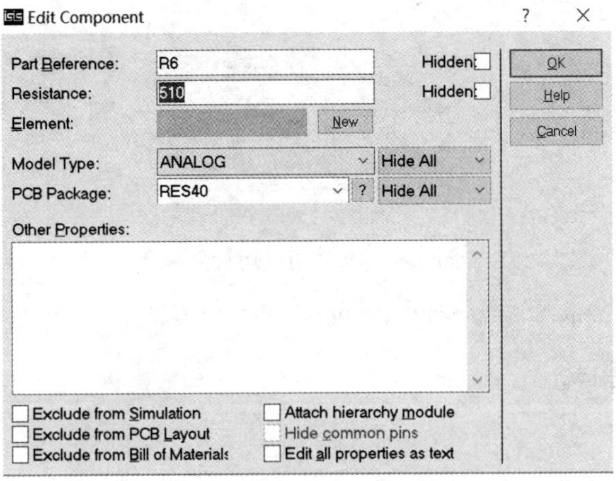

图 1.38　编辑元件对话框

（5）保存设计的原理图电路文件

单击 按钮，保存原理图电路文件。到此，一个完整的单片机最小系统电路原理图就设计完成了，接下来要做的就是将在 Keil 中编译生成的.hex 文件添加到单片机中就可以了。

（6）为单片机添加.hex 程序文件

在原理图中双击单片机，在弹出的对话框中单击 Program File 选项后面的 按钮，添加.hex 文件，如图 1.39 所示。保存后就可以进行电路仿真了，然后根据仿真现象，不断进行源程序调试，完善设计，如图 1.40 所示。

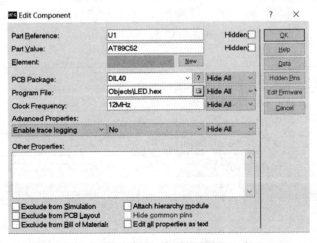

图 1.39　加载 hex 文件

通过 Keil C51 软件对源程序进行编译调试及与 Proteus 软件联调，即可实现电路仿真。

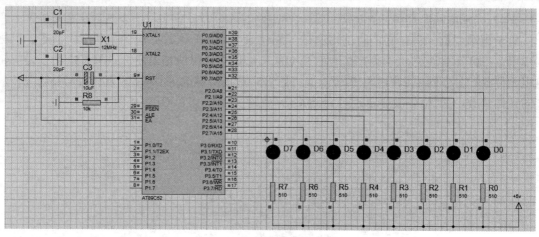

图 1.40　软件仿真运行效果

任务实施:使用 Proteus 实现单片机 AT89C52 的 P2 口控制 4 个发光二极管 LED 来回闪烁。

1.4.2　软件对应库说明

1. 元件库

在为设计项目添加元件时,可以在 Keywords 栏中输入需要的元件名称,对于不熟悉元件名称的元件,可以在 Pick Devices 页面中的 Category 栏下选择元件所在的系列。表 1.4 列出了软件常用元件的所在系列。

表 1.4　常用元件所在系列

系列	元件
Analog ICs	模拟电路集成芯片
Capacitors	电容集合
CMOS 4000 series	4XXX 系列数字电路
Connectors	连接器,排座,排插
Data Converters	数据转换器—ADC,DAC
Debugging Tools	调试工具
Diodes	二极管集合
ECL 10000 Series	10000 系列 ECL 集成电路
Electromechanical	电机集合
Inductors	电感器、变压器集合
Laplace Primitives	拉普拉斯变换
Mechanics	无刷直流电机
Memory ICs	存储器芯片
Microprocessor ICs	微处理器(单片机)芯片
Miscellaneous	基本器件,如 AERIAL、BATTERY、CELL、CRYSTAL、FUSE、METER
Modelling Primitives	典型仿真器件,不表示具体型号,只用于仿真,没有 PCB

续表

系列	元件
Operational Amplifiers	运算放大器芯片
Optoelectronics	各种光电显示元件，如发光二极管、液晶显示器等
PICAXE	PICAXE 微控制器系列
PLDs & FPGAs	可编程逻辑器件，现场可编程门阵列
Resistors	电阻集合
Simulator Primitives	常用仿真器件
Speakers & Sounders	喇叭及蜂鸣器
Switches & Relays	开关，继电器，键盘
Switching Devices	晶闸管，可控硅
Thermionic Valves	真空管
Transducers	传感器
Transistors	晶体管（三极管，场效应管）
TTL 74 series	74 系列数字电路（标准型）
TTL 74ALS series	74 系列高速数字电路（先进低功耗肖特基型）
TTL 74AS series	74 系列高速数字电路（先进肖特基型）
TTL 74F series	74 系列快速数字电路
TTL 74HC series	高速 CMOS74 系列数字电路
TTL 74HCT series	高速 CMOS TTL 兼容 74 系列数字电路
TTL 74LS series	74 系列数字电路（低功耗肖特基型）
TTL 74S series	74 系列数字电路（肖特基型）

2. 典型元件

典型元件见表 1.5。

表 1.5　常用 Proteus 元件中文说明

元件名称	中文名说明
74LS00	两输入与非门
74LS04	非门（反相器）
74LS08	两输入与门
74LS390	TTL 双十进制计数器
UA741	通用运算放大器
7SEG-BCD	7 段 BCD 码数码管
7SEG-COM-AN-BLUE	7 段共阳数码管（蓝色）
7SEG-MPX4-CC	7 段共阴 4 位数码管（红色）
AT89C52	8052 微控制器（8KB ROM，256 字节 RAM）
ALTERNATOR	交流发电机

元件名称	中文名说明
AMMETER-MILLI	mA 安培计
AND	两输入与门
BATTERY	电池/电池组
BUS	总线
CAP	电容
CAPACITOR	电容器
CLOCK	时钟信号源
CRYSTAL	晶振
D-FLIPFLOP	D 触发器
FUSE	保险丝
GROUND	地
LAMP	灯
LED-RED	红色发光二极管
LM016L	2 行 16 列液晶
LOGIC ANALYSER	逻辑分析器
LOGICPROBE	逻辑探针
LOGICPROBE[BIG]	逻辑探针　用来显示连接位置的逻辑状态
LOGICSTATE	逻辑状态　用鼠标单击，可改变该方框连接位置的逻辑状态
LOGICTOGGLE	逻辑触发
MASTERSWITCH	按钮，手动闭合立即自动打开
MOTOR	马达
OR	或门
POT-LIN	三引线可变电阻器
POWER	电源
RES	电阻
RESISTOR	电阻器
SWITCH	按钮，手动按一下一个状态
SWITCH-SPDT	二选通一按钮
VOLTMETER	伏特计
VOLTMETER-MILLI	毫伏计

项目二 输入/输出功能（I/O）

计算机的输入设备有键盘、鼠标、麦克风等，输出设备有显示器、音响等。如同计算机，输入/输出是单片机最基本的功能，单片机最常用的输入设备为按键，最常见的输出设备为发光二极管 LED、数码管以及液晶显示器 LCD。本项目基于 STC2.0 开发板，通过编程实现独立按键检测与 LED 灯点亮功能。

2.1 任务一 剖析 51 单片机并行 I/O 口

51 单片机共有 4 个 8 位并行 I/O 口，分别是 P0、P1、P2、P3，4 个 I/O 口在结构和特性上基本相同，既可以作为通用 I/O 口使用，又各具特点。

1. P0 口

如图 2.1 所示为 P0 口的位结构图，它由一个输出锁存器、两个三态缓冲器、一个输出驱动电路和一个输出控制电路组成。其中，输出驱动电路由一对场效应管组成，其工作状态受输出控制电路控制。

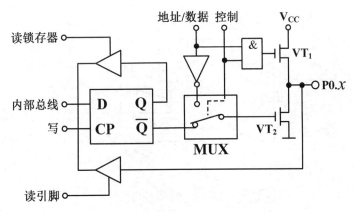

图 2.1 P0 口结构

当从 P0 口输出地址/数据时，控制信号应为高电平 1，模拟转换开关（MUX）把地址/数据信息经反相器与下拉场效应管 VT_2 接通，同时打开输出控制电路的与门。输出的地址/数据通过与门驱动反相器与上拉场效应管 VT_1，又通过反相器驱动 VT_2。例如，若地址/数据信息为 0，则该 0 信号一方面通过与门使 VT_1 截止，另一方面经反相器使 VT_2 导通，从而使引脚上输出相应的 0 信号；反之，若地址/数据信息为 1，将使 VT_1 导通而 VT_2 截止，引脚上将输出相应的 1 信号。

若 P0 口作为通用 I/O 接口使用，在 CPU 向接口输出数据时，对应的输出控制信号应为 0 信号，MUX 将把输出级与锁存器的 $\overline{Q}$ 端接通。同时，由于与门输出为 0，使上拉场效应管 VT_1 处于截止状态，因此输出级是漏极开路电路。这样，当写脉冲加在触发器的时钟端 CP 上时，则与内部总线相连的 D 端数据取反后就出现在触发器的 $\overline{Q}$ 端，再经过场效应管反相，在 P0 引脚上出现的数据正好对应于 CPU 内部总线的数据。

当 P0 口作为通用 I/O 口使用时，如果从 P0 口输入数据，则此时上拉场效应管一直处于截止状态。引脚上的外部信号既加在下面一个三态缓冲器的输入端，又加在下拉场效应管的漏极。假定在此之前曾输出锁存数据 0，则下拉场效应管是导通的。这样 P0 引脚上的电位就始终被嵌位在 0 电平，使输入高电平无法读入。因此，P0 作为通用 I/O 接口使用时是准双向口，即输入数据时，应先向 P0 口写 1，使两个场效应管均截止，然后方可作为高阻抗输入。

综上所述，P0 口既可作为地址/数据总线口使用，又可作为通用 I/O 口使用，可驱动 8 个 LS 型 TTL 负载。在访问外部存储器时，P0 口作为地址/数据总线复用口，是双向口，并分时送出地址的低 8 位和发送/接收相应存储单元的数据。作为通用 I/O 接口使用时，P0 口是漏极开路的准双向口，需要在外部引脚处接上拉电阻。

2. P2 口

如图 2.2 所示为 P2 口的位结构图，它与 P0 口基本相同，为了使逻辑上一致，将锁存器的 Q 端与输出场效应管相连。只是输出部分略有不同，P2 口在输出的场效应管的漏极上接有上拉电阻，这种结构不必外接上拉电阻就可以驱动任何 MOS 负载，且只能驱动 4 个 LS 型 TTL 负载。P2 口常用作外部存储器的高 8 位地址口。当不用作地址接口时，P2 口也可作为通用 I/O 口使用，这时它是准双向 I/O 接口。

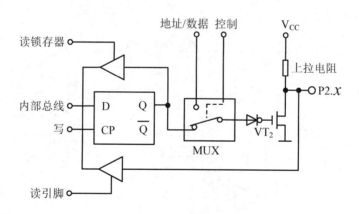

图 2.2　P2 口结构

3. P1 口

如图 2.3 所示为 P1 口的位结构图，它与 P2 口基本相同，只是少了一个模拟转换开关（MUX）和一个反相器，无选择电路，且为保持逻辑上的一致，将锁存器的 $\overline{Q}$ 端与输出场效应管相连。在输出的场效应管的漏极上接有上拉电阻，不必外接上拉电阻就可以驱动任何 MOS 负载，带负载能力与 P2 口相同，只能驱动 4 个 LS 型 TTL 负载。P1 口常用作通用 I/O 接口，是准双向 I/O 接口，作为输入口使用时必须先将锁存器置 1，使输出场效应管截止。

4. P3 口

如图 2.4 所示为 P3 口的位结构图，它是双功能口，第一功能与 P1 口一样可用作通用 I/O 接口，也是准双向 I/O 接口。另外，它还具有第二功能。其结构特点是不设模拟开关（MUX），增加了第二功能控制逻辑，多增设一个与非门和缓冲器，内部具有上拉电阻。

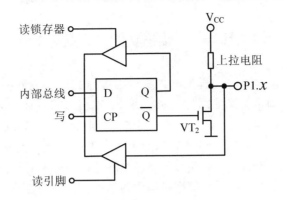

图 2.3　P1 口结构

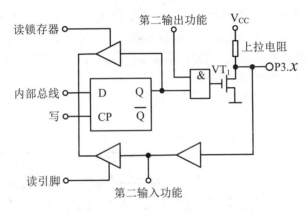

图 2.4　P3 口结构

P3 口作为通用输出口使用时，内部第二功能线应为高电平 1，以保证与非门的畅通，维持从锁存器到输出口数据输出通路畅通无阻，锁存器的内容经 Q 端输出。此时 P3 口的功能和带负载能力与 P1 口相同。P3 口作为第二功能输出口时，锁存器应置高电平 1，保证与非门对第二功能信号的输出是畅通的，从而实现内部第二输出功能的数据经与非门从引脚输出。

P3 口作为输入口使用时，对于第二功能为输入的信号引脚，在 I/O 接口上的输入通路增设了一个缓冲器，输入的第二功能信号即从这个缓冲器的输出端取得。而作为通用 I/O 接口输入端时，取自三态缓冲器的输出端。因此，无论通用 I/O 接口的输入还是内部第二功能的输入，锁存器的输出端 Q 和内部第二功能线均应置为高电平 1，使与非门输出为 0，这样，驱动电路不会影响引脚上外部数据的正常输入。P3 口工作在第二功能时各引脚定义见表 2.1。

表 2.1　P3 口工作在第二功能时各引脚定义表

引脚	功能	引脚	信号名称
P3.0	串行数据接收口（RXD）	P3.4	定时器/计数器 0 的外部输入口（T0）
P3.1	串行数据发送口（TXD）	P3.5	定时器/计数器 1 的外部输入口（T1）
P3.2	外部中断 0（$\overline{INT0}$）	P3.6	外部 RAM 写选通信号（$\overline{WR}$）
P3.3	外部中断 1（$\overline{INT1}$）	P3.7	外部 RAM 读选通信号（$\overline{RD}$）

2.2 任务二 输出功能——点亮 LED

LED（Light-Emitting Diode），即发光二极管，俗称 LED。它的种类很多，参数也不尽相同，STC2.0 开发板上用的是普通的贴片发光二极管。这种二极管通常的正向导通电压在 1.8～2.2V 之间，工作电流一般在 1～20mA 之间。其中，当电流在 1～5mA 之间变化时，随着通过 LED 的电流越来越大，肉眼会明显感觉到 LED 越来越亮，而当电流从 5～20mA 之间变化时，看到的发光二极管的亮度变化就不太明显了。当电流超过 20mA 时，LED 就会有烧坏的危险，电流越大，烧坏的也就越快，所以在使用过程中应该特别注意它在电流参数上的设计要求。

图 2.5 中，如果单片机 P2.0 引脚输出一个低电平，也就是跟 GND 一样的 0V 电压，就可以让 LED 发光；如果 P2.0 引脚输出一个高电平，就是跟 V_{CC} 一样的+5V 电压，那么这个时候，左侧 V_{CC} 电压和右侧的 P2.0 的电压是一致的，就没有电压差，不会产生电流，因此 LED 灯不会亮，处于熄灭状态。由于单片机是可以编程控制的，因此可以通过编程使 P2.0 端口输出高电平或低电平，从而控制 LED 的亮与灭。下面通过编程软件来控制 LED 的亮和灭（S4 为拨码开关，相当于 LED 的使能开关）。

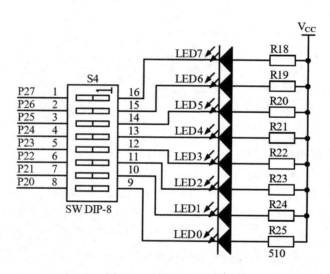

图 2.5 LED 驱动电路

1. 编程语言介绍

单片机的开发语言有两种：汇编语言和 C 语言，汇编语言是一种用文字助记符来表示机器指令的符号语言，是最接近机器码的一种语言。其主要优点是占用资源少、程序执行效率高。但是不同的 CPU，其汇编语言可能有所差异，所以不易移植。

C 语言是一种编译型程序设计语言，它兼顾了多种高级语言的特点，并具备汇编语言的功能，C 语言有功能丰富的库函数、运算速度快、编译效率高，有良好的可移植性，而且可以直接实现对系统硬件的控制。C 语言是一种结构化程序设计语言，它支持当前程序设计中广泛采用的由顶向下结构化程序设计技术。此外，C 语言程序具有完善的模块程序结构，从而为软件开发中采用模块化程序设计方法提供了有力的保障。因此，使用 C 语言进行程序设计已成为软件开发的一个主流。用 C 语言来编写目标系统软件，会大大缩短开发周期，且明显地增加软件的可读性，便于改进和扩充，从而研制出规模更大、性能更完备的系统。

相比较来说，汇编语言比较接近单片机的底层，使用汇编语言有助于理解单片机内部结构。简单的程序，用汇编语言，程序效率也可能比较高，但是当程序容量达到几千上万行以后，汇编语言在组织结构、修改维护等方面就非常困难了，此时 C 语言就有不可替代的优势了。所以实际开发过程中，目前至少 90%以上的工程师都在用 C 语言做单片机开发，只有在很低端的应用中或者是特殊要求的场合，才会用汇编语言开发，所以本教材中所有项目开发都是用 C 语言。

2. 特殊功能寄存器（sfr）和位定义（sbit）

用 C 语言来对单片机编程，有几条单片机独有的编程语句，下面先介绍两条。

第一条语句是：

sfr P2 = 0xA0;

sfr 这个关键字，是 51 单片机特有的，它的作用是定义一个单片机特殊功能寄存器 SFR（Special Function Register）。51 单片机内部有很多个小模块，每个模块在存储器中都有一个唯一的地址，同时每个模块都有 8 个控制开关。如：P0 是一个功能模块，在 RAM 中的地址为 0x80，通过设置 P0 内部这个模块的 8 个开关，来让单片机的 P0 的 8 个 I/O 口输出高电平或者低电平。而 51 单片机内部有很多寄存器，如果想使用的话必须提前进行 sfr 声明。不过 Keil 软件已经把所有这些声明都预先写好并保存到一个专门的文件中去了，要使用的话只要在文件开头添加一行"#include "reg52.h""即可。

第二条语句是：

sbit LED0 = P2^0;

这个 sbit，就是对 SFR 的 8 个开关其中的一个进行定义。经过上面第二条语句后，以后只要在程序里写 LED0，就代表了 P2.0 口，注意这里 P 必须大写，也就相当于给 P2.0 又取了一个更形象的名字叫做 LED0。

了解了这两个语句后，来看一下单片机的特殊功能寄存器。需要注意是，每个型号的单片机都会配有生产厂商所编写的数据手册（Datasheet），数据手册有对特殊功能寄存器的介绍以及地址映射列表。在使用这个寄存器之前，必须对这个寄存器的地址进行说明，如图 2.6 所示。

Mnemonic	Add	Name	7	6	5	4	3	2	1	0	Reset Value
P0	80h	8-bit Port 0	P0.7	P0.6	P0.5	P0.4	P0.3	P0.2	P0.1	P0.0	1111,1111
P1	90h	8-bit Port 1	P1.7	P1.6	P1.5	P1.4	P1.3	P1.2	P1.1	P1.0	1111,1111
P2	A0h	8-bit Port 2	P2.7	P2.6	P2.5	P2.4	P2.3	P2.2	P2.1	P2.0	1111,1111
P3	B0h	8-bit Port 3	P3.7	P3.6	P3.5	P3.4	P3.3	P3.2	P3.1	P3.0	1111,1111

图 2.6 51 系列单片机 I/O 口特殊功能寄存器

P0 口地址是 0x80，一共有从 7 到 0 共 8 个 I/O 口控制位，后边有个 Reset Value（复位值），这个很重要，是看寄存器必看的一个参数，8 个控制位复位值全部都是 1。也就是说，当单片机上电复位的时候，所有的引脚的值默认都是 1，即高电平，在设计电路的时候要充分考虑这个问题。

上边那两条语句，写 sfr 的时候，必须要根据手册里的地址（Add）去写，写 sbit 的时候，就可以直接将一个字节的其中某一位取出来。在编程的时候，也有现成的写好寄存器地址的头文件，直接包含该头文件就可以了，不需要逐一去写了。

3．C 语言变量类型和范围

C 语言的数据变量基本类型分为字符型、整型、长整型及浮点型，如表 2.2 所示。

表 2.2　C 语言基本类型

基本类型	子类型	取值范围
字符型	unsigned char	0～255
	signed char	-128～127
整型	unsigned int	0～65535
	signed int	-32768～32767
长整型	unsigned long	0～4294967295
	signed long	-2147483648～2147483647
浮点型	Float	$-3.4 \times 10^{-38} \sim 3.4 \times 10^{-38}$
	Double	（C51 里等同于 float）

表 2.2 中四种基本类型，每个基本类型又包含了两个类型。字符型、整型、长整型，除了可表达的数值大小范围不同之外，都是只能表达整数，而 unsigned 型的又只能表达正整数，要表达负整数则必须用 signed 型，如要表达小数的话，则必须用浮点型了。

在程序中定义变量时一定要注意变量的取值范围，变量类型使用不当有时会有预料不到的后果。这里有一个编程宗旨，就是能用小不用大。就是说定义能用 1 个字节 char 解决问题的，就不定义成 int，一方面节省 RAM 空间可以让其他变量或者中间运算过程使用，另外一方面，占空间小程序运算速度也快一些。

4．程序编写

下面用 C 语言编写程序点亮 LED。

```
#include  <reg52.h>    //包含特殊功能寄存器定义的头文件，头文件也可用双引号，如"reg52.h"
sbit LED = P0^0;       //位地址声明，注意：sbit 必须小写、P 大写
void main()            //任何一个 C 程序都必须有且仅有一个 main 函数
{                      //{}是成对存在的，在这里表示函数的起始和结束
    LED = 0;           //分号表示一条语句结束
}
```

先从程序语法上来分析一下。

（1）main 是主函数的函数名字，每一个 C 程序都必须有且仅有一个 main 函数。

（2）void 是函数的返回值类型，本程序没有返回值，用 void 表示。

（3）{}在这里是函数开始和结束的标志，不可省略。

（4）每条 C 语言语句以";"结束，并且";"是通过英文输入法输入的。如果是中文输入法，编译时会报错。

逻辑上来看，程序这样写就可以了，但是在实际单片机应用中，存在一个问题。比如程序空间可以容纳 100 行代码，但是实际上的程序只用了 50 行代码，当运行完了 50 行，再继续运行时，第 51 行的程序不是我们想运行的程序，而是不确定的未知内容，一旦执行下去程序

就会出错从而可能导致单片机自动复位，所以通常在程序中加入一个死循环，让程序停留在希望的这个状态下，不要乱运行，有以下两种写法可以参考：

参考程序一：

```
#include <reg52.h>
sbit LED0 = P2^0;
void main()
{
    while(1)
    {
        LED0 = 0;
    }
}
```

参考程序二：

```
#include <reg52.h>
sbit LED0 = P2^0;
void main()
{
    LED0 = 0;
    while(1);
}
```

程序一的功能是程序在反复不断的无限次执行"LED0 = 0;"这条语句，而程序二的功能是执行一次，然后程序直接停留下来等待，相对程序一来说程序二更加简洁一些。

如果要点亮 STC2.0 开发板的 LED，该如何实施呢？单片机程序开发，实际上算是硬件底层驱动程序开发，这种程序开发，是离不开电路图的，必须根据电路图来进行程序的编写。

按项目一介绍的方法新建工程，将上述代码输入 Keil 软件程序代码区域，并编译生成 hex 文件，下面介绍如何将 hex 文件烧录到单片机中。

5. 程序下载

首先，要把硬件连接好，把板子插到电脑上，打开设备管理器查看所使用的是哪个 COM 口，如图 2.7 所示，找到"Prolific USB-to-Serial Comm Port(COM4)"这一项，这里最后的数字就是开发板目前所使用的 COM 端口号。注意要先在电脑上安装 USB 转串口的驱动程序以后才能看到相应的 COM 端口，否则将无法下载程序。

图 2.7　查看 COM 端口

然后打开 STC 系列单片的下载软件——STC-ISP，如图 2.8 所示。

用下载软件烧录程序分五个步骤：第一步，选择单片机型号，开发板上用的单片机型号是 STC12C5A60S2，这个一定不能选错了；第二步，单击"打开程序文件"按钮，找到刚才建立的工程文件夹，找到编译所生成的 hex 文件 LED.hex，单击打开；第三步，选择刚才查到的 COM 口，波特率使用默认的就行；第四步，这里的所有选项都使用默认设置，不要随便更改，有的选项改错了以后可能会产生麻烦；第五步，因为 STC 单片机要冷启动下载，就是先单击"下载/编程"按钮，然后再给单片机上电，所以要先关闭板子上的电源开关，然后单击"下载/编程"按钮，再按下板子的电源开关，就可以将程序下载到单片机里边了。

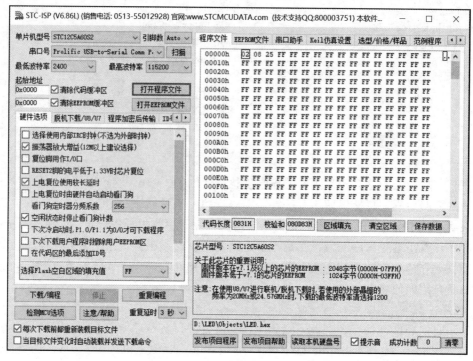

图 2.8　程序下载设置

程序下载完毕后，就会自动运行，大家可以在板子上看到那一排 LED 中最右侧的小灯已经发光了。那现在如果我们把 LED0 = 0 改成 LED0 = 1，再重新编译程序下载进去新的.hex 文件，灯就会熄灭。

【例 2.1】实现 8 个 LED 循环点亮（即流水灯或跑马灯功能）。

知识点：引入左移"<<"或右移">>"运算。

分析：控制 8 个 LED 按流水灯的方式点亮时，单片机 P2 口先输出 11111110 的逻辑电平组合，点亮连接 P2.0 引脚上的 LED，延时一段时间后 P2 口将 0 左移 1 位，即输出 11111101，点亮连接 P2.1 引脚上的 LED，再延时。以此类推，P2 口将 0 依次左移 1 位，顺序输出 11111011、11110111、11101111、11011111、10111111、01111111，显然，可以采用移位操作实现流水灯效果。

关键代码：

```
temp=0x01;              //unsigned char 型 temp 赋值二进制数 00000001
for(i=0;i<8;i++){       //用 for 循环控制移位 8 次
P2 = ~temp;             //将 temp 值取反后送 P2 口输出
delay(2000);            //延时
temp<<=1;               //将 temp 二进制数值左移一位
}
```

任务实施：实现 8LED 灯左移流水后，再右移动流水，依次循环。

2.3　任务三　输入功能——按键检测

按键是在单片机应用系统中最常用的人机交互输入设备，用于输入用户的控制命令或信息。按键按照结构原理可分为两类，一类是触点式开关按键，如机械式开关、导电橡胶式开关；另一类是无触点式开关按键，如电气式按键、磁感应按键。前者造价低，后者寿命长。

按键要通过接口与单片机相连，可分为编码键盘和非编码键盘两类。键盘上闭合键的识别由专用的硬件编码器实现，并产生键编码号或键值的称为编码键盘，如计算机键盘。而靠软件编程来识别的称为非编码键盘，在单片机组成的各种系统中，广泛使用的是非编码键盘。

非编码键盘分为：独立键盘和行列式（又称为矩阵式）键盘，如图 2.9 和 2.10 所示。

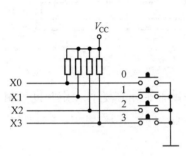

图 2.9　独立键盘

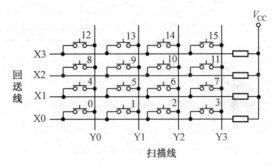

图 2.10　矩阵键盘

独立键盘每个键相互独立，各自与一条 I/O 线相连，CPU 可直接读取该 I/O 线的高/低电平状态。其优点是硬件、软件结构简单，判键速度快，使用方便；缺点是占 I/O 口线多。多用于设置控制键、功能键。适用于键数少的场合。

矩阵键盘的键按矩阵排列，各键处于矩阵行/列的结点处，CPU 通过对连在行（列）的 I/O 线送已知电平的信号，然后读取列（行）线的状态信息。逐线扫描，得出键码。其特点是键多时占用 I/O 口线少，硬件资源利用合理，但判键速度慢。多用于设置数字键，适用于键数多的场合。

本节内容以独立按键为例介绍单片机的输入功能，矩阵键盘在后续内容再做介绍。图 2.9 中，4 条输入线接到单片机的 I/O 口上，当按键 0 按下时，V_{CC} 通过与 X0 端相连的电阻然后再通过按键 0 最终进入 GND 形成一条通路，那么这条线路的全部电压都加到了电阻上，X0 这个引脚就是个低电平。当松开按键后，线路断开，就不会有电流通过，那么 X0 和 V_{CC} 就应该是等电位，是一个高电平。我们就可以通过 X0 这个 I/O 口的高低电平来判断是否有按键按下。

单独的按键扫描程序执行后看不到任何现象，为了有个直观的效果，可以将之前的点亮 LED 的程序加进来，当某键按下时点亮一个 LED（如板子最右侧的 LED0）。下面围绕这一思路来分析软件代码如何编写。

1. 构建独立按键

由于开发板上没有独立按键，只有一个 4×4 的矩阵键盘，如图 2.11 所示，如何将矩阵键盘改为独立按键呢？

对比独立按键电路和矩阵键盘电路可知，如若要将 S5 变为独立按键，只需将 P23 端接地即可，因此，只要将单片机的 P2.3（P23 接至 P2.3）口输出低电平，通过检测单片机的 P2.7（P27 接至 P2.7）口电平状态来判断按键是否按下，就可以将 S5 看成是一个独立按键。

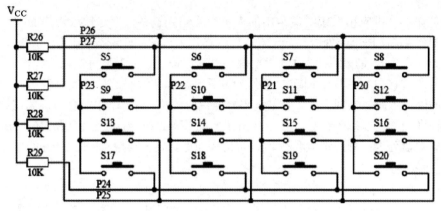

图 2.11　4×4 矩阵键盘

2．按键去抖

机械式按键在按下或释放时，因为机械弹性作用的影响，通常伴随有一定时间的触电机械抖动，然后其触点才稳定下来，抖动时间一般为 5～10ms，如图 2.12 所示。在触点抖动期间检测按键的通断状态，可能导致判断出错。

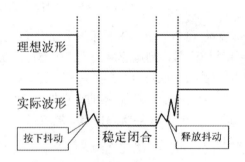

图 2.12　按键触点的机械抖动

按键的机械抖动可采用硬件电路和软件编程的方式实现去抖，如果按键数量较小，可采用图 2.13 所示的硬件电路来消除，而当按键数量较大时，应采用软件方式进行去抖。

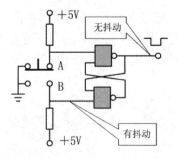

图 2.13　硬件消抖方法（RS 触发器）

硬件消抖原理：两个与非门构成的 RS 触发器，当按键未按下时，输出为 1；当按键按下时，输出为 0；即使按键发生抖动，但经双稳态电路之后，输出矩形波。

软件消抖编程思路：在检测到有键按下时，先执行 10ms 的延时程序，再重新检测这个键是否仍然按下以确认这个键按下不是抖动引起。同理，在检测到这个键释放时，也采用先延时再判断的方法消除抖动的影响，按键去抖流程图如图 2.14 所示。

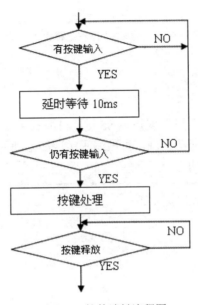

图 2.14　软件消抖流程图

【例 2.2】实现按键 S5 按下时，LED0 点亮（S5 为第一行第一列的按键）。

参考程序如下：

```
/*   Description: KEY-STC12C5A60S2
            P2.3   P2.2   P2.1   P2.0
    P2.7   --|-------|--------|--------|--
    P2.6   --|-------|--------|--------|--
    P2.5   --|-------|--------|--------|--
    P2.4   --|-------|--------|--------|--
*/
#include <reg52.h>                  //包含特殊功能寄存器定义的头文件
sbit LED0=P2^0;                     //位地址声明
sbit L1=P2^3;
sbit S5=P2^7;

void delayMs(unsigned int cnt){     //延时函数定义
    unsigned char i;
    while(cnt--){
        for(i=0;i<=120;i++);
    }
}
```

```
void main(){                                    //主函数
    S5 = 1;                                     //向输入端口写1，为输入做准备
    L1 = 0;                                     //P2.3 口输出低电平改 S5 为独立按键
    while(1){
        if(S5 == 0){                            //判断 S5 键是否按下
            delayMs(10);                        //延时消抖
            if(S5 == 0){
                LED0 = 0;                       //点亮 LED
                while(S5 == 0);                 //等待按键释放
            }
        }
    }
}
```

程序编译下载完成以后，可以发现按下 S5 键，开发板上最右侧的 LED 点亮。

任务实施：通过独立按键任务实施，尝试编程实现如下功能：第一次按 S5 键，LED0 亮，第二次按 S5 键，LED2 灭，如此反复。

关键代码（请将实施的关键代码记录下来）

项目三　数码管与矩阵键盘

电子产品项目开发过程中经常要用到 0～9 的数字显示，如：显示实时时钟、显示检测到的温度、电压等。数码管是实现 0～9 的数字显示的最简单的元件，其结构简单、价格便宜、驱动程序编写容易，因此得到广泛应用。本项目通过编程扫描 4×4 矩阵键盘，将键值编号（0～F）显示在数码管上。

3.1　任务一　数码管结构

LED 数码管由 8 个 LED（7 段及小数点）构成，通过不同的发光段组合可用来显示 0～9、字符 A～F、H、L、P、R、U、Y、符号"–"及小数点"."等信息。单个 LED 的外形如图 3.1 所示，外部引脚如图 3.2 所示。

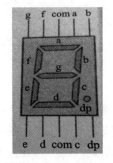

（注意引脚和段的位置关系）

图 3.1　数码管外形图　　　　　　　　图 3.2　外部引脚图

3.1.1　数码管的工作原理

从内部结构上看，LED 数码管可分为共阳极和共阴极两种结构，如图 3.3、图 3.4 所示。

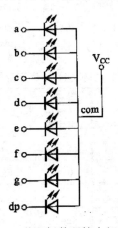

图 3.3　共阳极数码管内部结构

共阳极数码管的 8 个 LED 阳极（Anode）连在一起，作为公共控制端（com），阴极作为"段"控制端。当公共端为高电平，某段位置端为低电平时，这段对应的 LED 导通并点亮。

共阴极数码管的 8 个 LED 阴极（Cathode）连在一起，作为公共控制端（com），阳极作为"段"控制端。当公共端为低电平，某段位置端为高电平时，这段对应的 LED 导通并点亮。

通过点亮不同的段，LED 可以显示不同的字符。例如，显示数字 2 时，a、b、d、e、g 五段点亮即可。

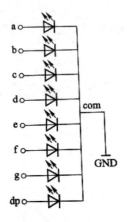

图 3.4　共阴极数码管内部结构

3.1.2　数码管字形编码

数码管的 8 个段，可以直接当成 8 个 LED 来控制，那就是 a、b、c、d、e、f、g、dp 一共 8 个 LED。通过图 3.1 可以看出，如果点亮 b 和 c 这两个 LED，也就是数码管的 b 段和 c 段，其他的所有的段都熄灭的话，就可以让数码管显示出一个数字 1。用不同电平组合的数据编码至 LED，这种数据编码称为字形编码，见表 3.1、表 3.2。

例如，如果使用单片机 P0 口的 P0.0、P0.1、P0.2、……、P0.7 8 个引脚依次与共阳极数码管的 a、b、c、……、dp 8 个段控制引脚相连接，com 端接高电平（V_{CC}），要显示数字 2，需要将 a、b、d、e、g 5 段点亮，为低电平；其他段熄灭，为高电平。要向 P0 口传输数据 10100100（0xA4），这个数据即为共阳极数码管的字形编码。如使用共阴极数码管，com 端接低电平（GND），要显示数字 2，需要将 a、b、d、e、g 5 段点亮，为高电平；其他段熄灭，为低电平。要向 P0 口传输数据 01011011（0x5B），这个数据即为共阴极数码管的字形编码。

表 3.1　共阳极数码管字形编码

字符	0	1	2	3	4	5	6	7
数值	0xC0	0xF9	0xA4	0xB0	0x99	0x92	0x82	0xF8
字符	8	9	A	b	C	d	E	F
数值	0x80	0x90	0x88	0x83	0xC6	0xA1	0x86	0x8E
字符	H	L	P	R	U	Y	—	.
数值	0x89	0xC7	0x8C	0xCE	0xC1	0x91	0xBF	0x7F

表 3.2　共阴极数码管字形编码

字符	0	1	2	3	4	5	6	7
数值	0x3F	0x06	0x5B	0x4F	0x66	0x6D	0x7D	0x07
字符	8	9	A	b	C	d	E	F
数值	0x7F	0x6F	0x77	0x7C	0x39	0x5E	0x79	0x71
字符	H	L	P	R	U	Y	—	.
数值	0x76	0x38	0x73	0x31	0x3E	0x6E	0x40	0x80

注意： 如果 I/O 口与 8 段 LED 的连接关系与表中顺序不同，字形编码也要相应调整。

任务实施： 在实际应用中，我们常使用带有小数点的数值，请大家写出带有小数点的 0-9 的共阳极、共阴极数码管字形编码。

共阳极数码管

0.　　　1.　　　2.　　　3.　　　4.　　　5.　　　6.　　　7.　　　8.　　　9.

_____

共阴极数码管

0.　　　1.　　　2.　　　3.　　　4.　　　5.　　　6.　　　7.　　　8.　　　9.

_____

3.1.3　数码管静态显示

LED 数码管有静态和动态两种显示方式。

静态显示方式的各数码管在显示过程中持续得到送显信号，与各数码管接口的 I/O 口线是专用的，如图 3.5 所示。其特点是显示稳定，无闪烁，用元器件多，占 I/O 线多，无须扫描。系统运行过程中，在需要更新显示内容时，CPU 才去执行显示更新子程序，节省 CPU 时间，提高 CPU 的工作效率，编程简单。但 n 位静态显示需占用 8×n 个 I/O 口线，限制了单片机连接数码管的个数，只适用于显示位数较少的场合。

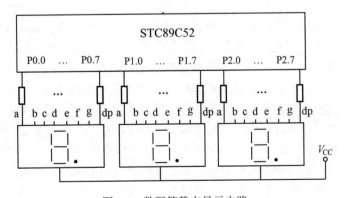

图 3.5　数码管静态显示电路

【例 3.1】使用 Proteus 设计一个如图 3.6 所示的电路，并实现单片机控制 3 个 LED 静态显示数字 520（数码管可选择"7SEG-MPX1-CA"）。

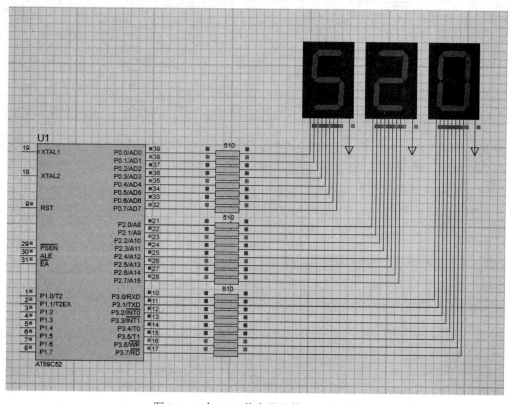

图 3.6　3 个 LED 静态显示的 Proteus 图

程序代码：

```
#include "reg52.h"
void main(){
    P0 = 0x92;              //显示 5
    P2 = 0xA4;              //显示 2
    P3 = 0xC0;              //显示 0
    while(1);
}
```

静态显示实际上是在一个时刻只能使能一个数码管，并根据给出 I/O 口的值来改变这个数码管的显示字符，如利用以上程序代码方式，有个不方便的地方，就是每次必须去查阅要显示字符的字形编码，有没有一个便利方式让我们提高效率呢？

下面来介绍一个 51 单片机的关键字 code。前面定义变量的时候，一般用到 unsigned char 或者 unsigned int 这两个关键字，这样定义的变量都是放在单片机的 RAM 中，在程序中可以随意去改变这些变量的值。但是还有一种数据，在程序中要使用，但是却不会改变它的值，定义这种数据时可以加一个 code 关键字修饰一下，这个数据就会存储到程序空间 Flash 中，这样可以大大节省单片机的 RAM 的使用量，毕竟单片机 RAM 空间比较小，而程序空间则大得多。那么现在要使用的数码管字符编码表，只会使用它们的值，而不需要改变它们，就可以用

code 关键字把它放入 Flash 中，具体代码如下：

```
#include "reg52.h"
unsigned char code numChar[]={0xC0,0xF9,0xA4,0xB0,0x99,0x92,0x82,0xF8,0x80,0x90};
void main(){
    P0 = numChar[5];
    P2 = numChar[2];
    P3 = numChar[0];
    while(1);
}
```

这样编写是不是轻松很多呢？

3.1.4　数码管动态显示

动态显示方式是指一位一位地轮流点亮每位显示器，与各数码管接口的 I/O 口线是共用的，其特点是有闪烁，用元器件少，占 I/O 线少，必须扫描，花费 CPU 时间，编程复杂。

当显示位数较多时，动态显示方式可节省单片机 I/O 接口资源，但其显示的亮度低于静态显示方式，且因为 CPU 要不断地重复运行扫描显示程序，将占用 CPU 更多的时间。

将各位数码管的相应段控制端并联在一起，使用单片机一个 8 位并行 I/O 口控制，称为段选口；各位数码管的公共端，分别由单片机的 I/O 口线控制，称为位选口，单片机与数码管的这种连接方式称为动态显示控制方式。

动态显示是一种利用人眼的"视觉惰性"，即视觉暂留效应，按位轮流点亮各位，实现数码管快速闪动的显示方式。如果延时时间太长，每位数码管闪动频率太慢，显示效果就不稳定了。

动态扫描显示过程如下：在某一时段，只让其中 1 位数码管位选口有效，并在段选口上送出相应的字形显示编码。这时，在选中的数码管上显示指定字符，其他位的数码管处于熄灭状态；延时一段时间，下一时段按顺序选通另外 1 位数码管，并送出相应的字符显示编码，依此规律循环下去，直到最后 1 位数码管被选通，显示指定字符。反复进行以上数码管动态扫描过程，就能实现各位数码管稳定显示字符的效果。

【例 3.2】如图 3.7 所示，用单片机控制 STC2.0 开发板上的四位一体共阳极数码管，实现稳定显示信息 OPEN（P1.0、P1.1、P1.2、P1.3 分别通过 4 个三极管控制数码管的 4 个位选端 H1、H2、H3、H4，P0 口连接数码管的段选端）。

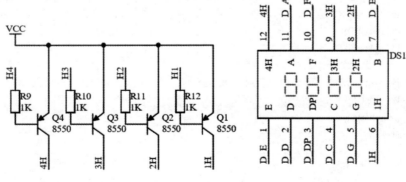

图 3.7　例 3.2 图

原理分析：

利用 Q1、Q2、Q3、Q4 四个 8550PNP 三极管的开关特性，实现通过 P1.0（H1）、P1.1（H2）、P1.2（H3）、P1.3（H4）控制 1H、2H、3H、4H 四个位选段有效，即如当 P1.0 输出低电平，Q1 8550PNP 三极管处于饱和导通状态，1H 位连接到 V_{CC}，位选端有效；当 P1.0 输出高电平，Q1 处于截止状态，位选端无效。首先实现数码管第一位显示 O，P1.3 口输出低电平，打开最高位使能端，段选端送字符编码 0xC0，延时一段时间后，关闭使能端，即 P1.3 口输出高电平；然后第二位显示 P，P1.2 口输出低电平，打开第二位使能端，段选端送字符编码 0x8C，延时一段时间后，关闭使能端；然后第三位显示 E，P1.1 口输出低电平，打开第三位使能端，段选端送字符编码 0x86，延时一段时间后，关闭使能端；最后末位显示 N，P1.0 口输出低电平，打开末位使能端，段选端送字符编码 0xC8，延时一段时间后，关闭使能端。然后循环显示即可。

参考程序如下：

```c
#include<reg52.h>
#define uchar unsigned char     //可使用宏定义提高代码效率
#define uint unsigned int
sbit H1 = P1^0;
sbit H2 = P1^1;
sbit H3 = P1^2;
sbit H4 = P1^3;
void delayMs(uint);             //函数声明（当子函数编写于主函数之后需要进行声明）

void main(){
    H4 = 0;
    P0 = 0xC0;                  //第一位显示 O
    delayMs(5);
    H4 = 1;

    H3 = 0;
    P0 = 0x8C;                  //第二位显示 P
    delayMs(5);
    H3 = 1;

    H2 = 0;                     //第三位显示 E
    P0 = 0x86;
    delayMs(5);
    H2 = 1;

    H1 = 0;                     //第四位显示 N
    P0 = 0xC8;
    delayMs(5);
    H1 = 1;
}

void delayMs(uint cnt){         //延时函数定义
```

```
        uchar i;
        while(cnt--){
            for(i=0;i<=120;i++);
        }
    }
```

大家完成该任务后尝试把延时调整一下由 5 改为 100，看看会发生什么变化？

 拓展小知识

人的眼睛是光接收器，对多少帧数的光都很敏感，但视觉神经存在暂留现象，对于 10 帧以下的显示画面就看起来会拖，20 帧以上就会比较连续，因此电影拷贝是 24 格/秒，以胶片的形式记录电视是 25 帧，人眼看起来就比较舒服。人分辨事物的最高频率为 24Hz，即反应一次要 0.042s。也就是说每秒钟播放的图片数要超过 24 张，人眼才看不出图片之间的切换，看到的才是动态的影片效果。

任务实施：请在四位一体数码管上稳定显示信息 LOVE。

关键代码：

3.2　任务二　矩阵键盘扫描

3.2.1　矩阵键盘的工作原理

当输入部分有多个按键时，若仍然采用独立键盘，必然会占用大量的 I/O 口，采用矩阵键盘是一种比较节省资源的方法。矩阵式键盘又称行列式键盘，往往用于按键数量较多的场合。

矩阵式键盘的按键设置在行与列的交点上。

开发板上是一个 4×4 的矩阵键盘，如图 3.8 所示，共有 16 个按键，按 4×4 的矩阵式排列，单片机的 P2.7～P2.4 为输出口，连接 4 条行线；P2.3～P2.0 为输入口，连接 4 条列线。

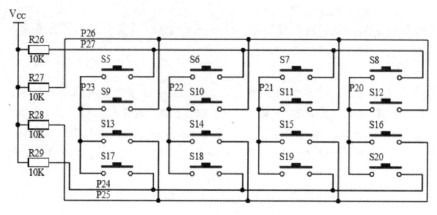

图 3.8　4×矩阵键盘

确定键盘上哪一个键被按下可以采用逐行扫描或逐列扫描的方法，称为行（列）扫描法。其工作过程如下：

（1）先将全部行线置为低电平，然后通过列线接口读取列线电平，判断键盘中是否有按键被按下。

（2）判断闭合键的具体位置。在确认键盘中有按键被按下后，再将列线全部置为低电平，再检测各行的电平状态。若某行为低电平，则该行与步骤（1）中读取到的低电平的列线相交处的按键即为闭合按键。

（3）综合上述两步的结果，即可确定出闭合键所在的行和列，从而识别出所按下的键。

3.2.2　软件设计思路

矩阵式键盘的扫描常用编程扫描方式、定时扫描方式或中断扫描方式，无论采用哪种方式，都要编制相应的键盘扫描程序。在键盘扫描程序中一般要完成以下几个功能：①判断键盘上有无按键按下；②去键的机械抖动影响；③求所按键的键号；④转向键处理程序。

在编程扫描方式中，只有当单片机空闲时，才执行键盘扫描任务。一般是把键盘扫描程序编成子程序，在主程序循环执行时调用。在主程序执行任务太多或执行时间太长时，按键的反应速度会变慢。

在定时扫描方式中单片机定时对键盘进行扫描，方法是利用单片机内部定时器，每隔一定的时间就产生定时中断，CPU 响应中断后对键盘进行扫描，并在有按键按下时进行处理。

在中断扫描方式中，当键盘上有按键被按下时产生中断申请，单片机响应中断后，在中断服务程序中完成键扫描、识别键号并进行键功能处理。

以上几种键盘扫描方式只是转入键盘扫描程序的方式不同，而键盘扫描程序的设计方法是类似的。下面以编程扫描方式介绍矩阵键盘扫描程序。

矩阵式按键的软件设计与独立式按键不同的只是按键的识别方法不同。在矩阵式按键的扫描程序中，要对按键逐行逐列地扫描，得到按下键的行列信息，然后还要转换成键号，以便据此转到相应的键处理程序。

　　按键扫描子函数中，先将 4 条行线输出低电平，将 4 条列线作为输入，读取列线电平状态，若 4 条列线中出现了低电平，则判断有按键按下，延时 10ms 之后再读取列线状态判断是否有键按下。若仍然有按键按下，则将列线输出低电平，将行线作为输入，读取行线状态，综合读取到的行、列状态编码得到按键位置，从而判断出键值，否则认为是按键抖动。程序流程图如图 3.9 所示。

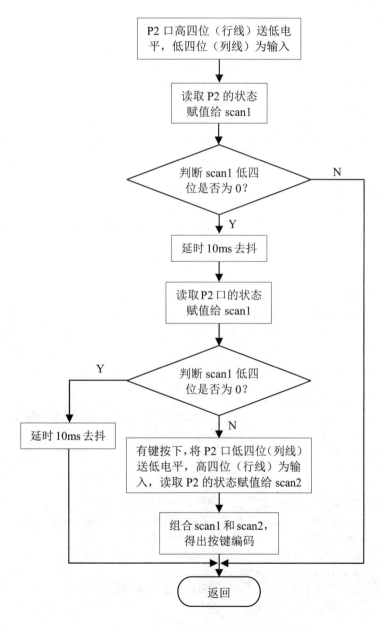

图 3.9　矩阵键盘扫描流程图

　　此外，除了行列扫描法外，常见的矩阵键盘识别方法还有行列反转法，该方法的基本原理是通过给行、列端口输出 2 次相反的值，再将分别读入的行值和列值进行求和或按位或运算，得到每个键的扫描码。此处就不再详细介绍了。

【例 3.3】通过编程扫描 4×4 矩阵键盘，并将得到的键值编号（F～0）通过开发板上最右边的数码管显示出来。

参考程序如下：

```
#include "reg52.h"
#define uchar unsigned char
#define uint unsigned int

sbit H1 = P1^0;                        //数码管末位位选使能端

unsigned char code LEDChar[] = {0xC0, 0xF9, 0xA4, 0xB0, 0x99, 0x92, 0x82, 0xF8, 0x80, 0x90, 0x88,
0x83, 0xC6, 0xA1, 0x86, 0x8E,0xBF};    //数码管 0～F 字符编码，0xBF 显示"-"
unsigned char code keyCode[] = {0xEE, 0xED, 0xEB, 0xE7, 0xDE, 0xDD, 0xDB, 0xD7, 0xBE, 0xBD,
0xBB, 0xB7, 0x7E, 0x7D, 0x7B, 0x77};   //4×4 矩阵键盘按键编码

void delayMs(uint);                    //延时函数声明
void keyScan();                        //键盘扫描函数声明

uchar key = 16;                        //初始化键值，没有按键按下时显示"-"
void main(){
    H1 = 0;                            //数码管末位使能
    while(1){
        keyScan();                     //扫描键盘
        P0 = LEDChar[key];             //输出键值
    }
}

void keyScan(){
    uchar scan1,scan2,keyboard,i;
    P2 = 0x0F;                         //4 条行线输出低电平，4 条列线作为输出
    scan1 = P2;                        //读取列线状态
    if((scan1&0x0F) != 0x0F){          //判断是否有键按下
        delayMs(10);                   //延时消抖
        scan1 = P2;                    //再次读取列线状态
        if((scan1&0x0F) != 0x0F){      //判断是否有键按下
            P2 = 0xF0;                 //4 条列线输出低电平，4 条行线作为输出
            scan2 = P2;                //读取行线状态
            keyboard = scan1 | scan2;  //生成键值
            while((P2&0xF0) != 0xF0);  //等待按键释放
            for(i=0;i<=15;i++){        //根据按键键值得出按键编号
                if(keyboard == keyCode[i]){
                    key = i;
                }
            }
```

```
            }
        }
    }

    void delayMs(uint cnt){
        uchar i;
        while(cnt--){
            for(i=0;i<=120;i++);
        }
    }
```

将上述程序编译并下载到单片机中，就可以看到程序运行的结果是默认显示"-"，当每按下一个按键，其编号（F～0）在最右侧的数码管上显示。

任务实施：请用矩阵键盘的四个按键实现分别按下后分别显示四个字符串，如 OPEN、LOVE 等，默认数码管显示"----"。

拟显示的四个字符串为：_____、_____、_____、_____。

程序笔记：

项目四　定时器/计数器

所谓定时是指预先设定一个时间，时间到后发出提醒或开始下一个时间，如闹钟。计数是指计算一段时间内某个事件发生的次数，如统计公园每天进园的人数。定时器/计数器用来实现精确定时和计数统计，是单片机系统的一个重点，应用十分广泛，大家一定要完全理解并熟练掌握其应用。

4.1　任务一　定时器/计数器的工作原理

4.1.1　初识定时器/计数器

先来回顾下单片机时序中的几个概念：时钟周期、机器周期和指令周期。

时钟周期：时钟周期 T 是时序中最小的时间单位，具体计算的方法就是 1/时钟源频率，STC2.0 单片机开发板上用的晶振是 12MHz，那么对这个单片机系统来说，时钟周期=1/12000000s。

机器周期：单片机完成一个操作的最短时间。机器周期主要针对汇编语言而言，在汇编语言下程序的每一条语句执行所使用的时间都是机器周期的整数倍，而且语句占用的时间是可以计算出来的，而 C 语言一条语句的时间是不确定的，受到诸多因素的影响。51 单片机系列，在其标准架构下一个机器周期是 12 个时钟周期，即 12/12000000=1μs。现在有不少增强型的 51 单片机，其速度都比较快，有的 1 个机器周期等于 4 个时钟周期，有的 1 个机器周期就等于 1 个时钟周期，也就是说大体上其速度可以达到标准 51 架构的 3 倍或 12 倍。如开发板上使用的 STC12C5A60S2 这款单片机就是 1T 的 51 单片机，为了兼容传统的 51 单片机，定时器/计数器复位后是传统的 51 单片机速度，即 12 分频，但也可以设置成不分频提升 12 倍的速度。

指令周期：执行一条指令（这里指汇编语言指令）所需要的时间称为指令周期，指令周期是时序中的最大单位。由于机器执行不同指令所需时间不同，因此不同指令所包含的机器周期数也不尽相同。51 系列单片机的指令可能包括 1~4 个不等的机器周期。通常，包含一个机器周期的指令称为单周期指令，包含两个机器周期的指令称为双周期指令。指令所包含的机器周期数决定了指令的运算速度，机器周期数越少的指令，其执行速度越快。

定时器和计数器是单片机内部的同一个模块，通过配置 SFR（特殊功能寄存器）可以实现两种不同的功能。顾名思义，定时器是用来进行定时的，其内部有一个寄存器，开始计数后，这个寄存器的值每经过一个机器周期就会自动加 1，因此，可以把机器周期理解为定时器的计数周期。就像钟表，每经过一秒，数字自动加 1，而这个定时器就是每过一个机器周期的时间，也就是 12/12000000=1μs，数字自动加 1。还有一个特别注意的地方，就是钟表是加到 60 后，秒就自动变成 0 了，这种情况在单片机或计算机里称之为溢出。那定时器加到多少才会溢出呢？后面会讲到定时器有多种工作模式，分别使用不同的位宽（指使用多少个二进制位），假如是 16 位的定时器，也就是 2 个字节，最大值就是 65535，那么加到 65535 后，再加 1 就算溢出，对于 51 单片机来说，溢出后，这个值会直接变成 0。从某一个初始值开始，经过确定的时间后溢出，这个过程就是定时的含义。

4.1.2　定时器/计数器的寄存器

标准的 51 单片机内部有 T0 和 T1 这两个定时器，T 就是 Timer 的缩写，现在很多 51 系列单片机还会增加额外的定时器，在这里先介绍定时器 0 和 1。前边提到过，对于单片机的每一个功能模块，都是由它的 SFR（特殊功能寄存器）来控制。

1. THx（Timer High x）、TLx（Timer Low x）

T0 和 T1 都是独立的 16 位加法计数器，分别由 2 个 8 位寄存器组成：T0 由 TH0 和 TL0 构成，T1 由 TH1 和 TL1 构成，以方便编程设置不同的计数位数，见表 4.1。

表 4.1　定时值存储寄存器

名称	描述	SFR 地址	复位值
TH0	定时器 0 高字节	0x8C	0x00
TL0	定时器 1 低字节	0x8A	0x00
TH1	定时器 1 高字节	0x8D	0x00
TL1	定时器 1 低字节	0x8B	0x00

2. TCON（定时器/计数器控制寄存器）

TCON 用于控制定时器/计数器的启动、停止，可以位寻址，格式如表 4.2 所示。

表 4.2　TCON 定时器控制寄存器的位分配（地址 0x88、可位寻址）

位	7	6	5	4	3	2	1	0
符号	TF1	TR1	TF0	TR0	IE1	IT1	IE0	IT0
复位值	0	0	0	0	0	0	0	0

TCON 寄存器各位定义如下：

TF1：定时器 1 溢出标志位。当定时器 1 计满溢出时，由硬件使 TF1 置 1，并且申请中断。进入中断服务程序后，由硬件自动清 0，在查询方式下用软件清 0。

TR1：定时器 1 运行控制位。由软件清 0 关闭定时器 1。当门控位 GATE=1，且 INT1 为高电平时，TR1 置 1 启动定时器 1；当门控位 GATE=0，TR1 置 1 启动定时器 1（门控位 GATE 作用见图 4.1）。

TF0：定时器 0 溢出标志。其功能及操作情况同 TF1。

TR0：定时器 0 运行控制位。其功能及操作情况同 TR1。

IE1：外部中断 1 请求标志。

IT1：外部中断 1 触发方式选择位。

IE0：外部中断 0 请求标志。

IT0：外部中断 0 触发方式选择位。

TCON 中低 4 位与中断有关，请参看中断相关知识。

3. TMOD（定时器/计数器工作模式寄存器）

TMOD 用于定时器/计数器的功能选择、工作方式设置等，不能进行位寻址，格式如表 4.3 所示；

表 4.3　TMOD 定时器模式寄存器的位分配（地址 0x89、不可位寻址）

位	7	6	5	4	3	2	1	0
符号	GATE	C/$\overline{\text{T}}$	M1	M0	GATE	C/$\overline{\text{T}}$	M1	M0
	T1				T0			
复位值	0	0	0	0	0	0	0	0

由表 4.3 可知，TMOD 的高 4 位用于 T1，低 4 位用于 T0，4 种符号的含义如下：

GATE：门控制位，定时器/计数器的启/停可由软件与硬件两者控制。其逻辑结构如图 4.1 所示。

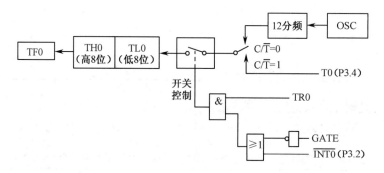

图 4.1　定时器/计数器 T0 方式控制逻辑结构图

分析图 4.1 可知：

当 GATE=0 时，定时器/计数器的起停由软件控制，即只由 TCON 中的启/停控制位 TR0/TR1 控制定时器/计数器的启/停。

当 GATE=1 时，定时器/计数器的起停由硬件控制，由外部中断请求信号 $\overline{\text{INT0}}$/$\overline{\text{INT1}}$ 和 TCON 中的启/停控制位 TR0/TR1 组合状态控制定时器/计数器的启/停。

C/$\overline{\text{T}}$：定时器/计数器选择位。C/$\overline{\text{T}}$=1，为计数器方式；C/$\overline{\text{T}}$=0，为定时器方式。

M1M0：工作方式选择位，定时器/计数器的 4 种工作方式由 M1M0 设定。具体见表 4.4。

表 4.4　定时器/计数器的 4 种工作方式

M1	M0	工作方式	功能描述
0	0	工作方式 0	13 位计数器
0	1	工作方式 1	16 位计数器
1	0	工作方式 2	自动重载 8 位计数器
1	1	工作方式 3	定时器 0：分成两个 8 位计数器，定时器 1：停止计数

51 单片机的定时器/计数器共有 4 种工作模式，现以 T0 为例加以介绍，T1 与 T0 的工作

原理相同，但在方式 3 下，T1 停止计数。

（1）工作方式 0（M1M0=00，13 位定时器/计数器）

由 TH0 的全部 8 位和 TL0 的低 5 位（TL0 的高 3 位未用）构成 13 位加 1 计数器，当 TL0 低 5 位计数满时直接向 TH0 进位，并当全部 13 位计数满溢出时，溢出标志位 TF0 置 1。

（2）工作方式 1（M1M0=01，16 位定时器/计数器）

由 TH0 和 TL0 构成 16 位加 1 计数器，其他特性与工作方式 0 相同。

（3）工作方式 2（M1M0=10，自动重装计数初值的 8 位定时器/计数器）

16 位定时器/计数器被拆成两个 8 位寄存器 TH0 和 TL0，CPU 在对它们初始化时必须装入相同的定时器/计数器初值。以 TL0 作计数器，而 TH0 作为预置寄存器。当计数满溢出时，TF0 置 "1"，同时 TH0 将计数初值以硬件方法自动装入 TL0。这种工作方式很适合于那些重复计数的应用场合（如串行数据通信的波特率发生器）。

（4）工作方式 3（M1M0=11，2 个 8 位定时器/计数器，仅适用于 T0）

TL0 用作 8 位定时器/计数器，使用 T0 原有控制资源 TR0 和 TF0，其功能和操作与方式 0 或方式 1 完全相同。TH0 只能作为 8 位定时器，借用 T1 的控制位 TR1 和 TF1，只能对片内机器周期脉冲计数。在方式 3 模式下，定时器/计数器 0 可以构成两个定时器或者一个定时器和一个计数器。一般，只有在 T1 以方式 2 运行（当作波特率发生器用）时，才让 T0 工作于方式 3 下。

注意观察表 4.2 和表 4.3 可以发现，表 4.2 中 TCON 最后标注了 "可位寻址"，而表 4.3 中 TMOD 标注的是 "不可位寻址"。主要区别如下：例如 TCON 中有一个位 TR1，可以在程序中直接用 "TR1=1" 这样的操作来启动定时器 T1（设门控位 GATE=0）。但对 TMOD 里的位（比如 T1）"M1=1" 这样的操作就是错误的。要操作就必须一次操作整个字节，也就是必须一次性对 TMOD 所有位操作，不能对其中某一位单独进行操作，如果只修改其中的一位而不影响其他位的值，就必须用按位与、按位或、按位异或等操作来实现。

下面通过一个例子分析如何设置 TMOD 寄存器的值。

【例 4.1】设置定时器 1 为定时工作方式，要求软件启动定时器 1 按方式 2 工作。定时器 0 为计数方式，要求由软件启动定时器 0，按方式 1 工作。

分析：参照表 4.3 TMOD 定时器模式寄存器的位分配。

（1）控制定时器 1 工作在定时方式或计数方式的是哪个位？

$C/\overline{T}$ 位是定时或计数功能选择位，当 $C/\overline{T}$=0 时定时/计数器就为定时工作方式。所以要使定时/计数器 1 工作在定时器方式就必须使 TMOD 的 D6 为 0。

（2）设置定时器 1 按方式 2 工作。M1（D5）、M0（D4）的值必须是 1、0。

（3）设定定时器 0 为计数方式。定时/计数器 0 的工作方式选择位是 $C/\overline{T}$（D2），当 $C/\overline{T}$=1 时，就工作在计数器方式，即 TMOD 的 D2 为 1。

（4）由软件启动定时器 0，当门控位 GATE=0 时，定时/计数器的启停就由软件控制。

（5）设定定时/计数器工作在方式 1，使定时/计数器 0 工作在方式 1，M1（D1）、M0（D0）的值必须是 0、1。

由上可知，只要将 TMOD 的各位，按规定的要求设置好后，定时器/计数器就会按预定的要求工作。分析这个例子最后各位的情况如下：

D7 D6 D5 D4 D3 D2 D1 D0

0 0 1 0 0 1 0 1

二进制数 00100101B＝十六进制数 25H。所以执行 TMOD = 0x25 这条指令就可以实现上述要求。

4.2　任务二　定时器的使用

4.2.1　定时器/计数器初始化

由于定时器/计数器的功能是由软件编程确定的，所以一般在使用定时/计数器前都要对其进行初始化，使其按设定的功能工作。初始化的步骤一般如下：

（1）确定工作方式（即对 TMOD 赋值）。

（2）预置定时或计数的初值（可直接将初值写入 TH0、TL0 或 TH1、TL1）。

（3）启动定时器/计数器（若已规定用软件启动，则可把 TR0 或 TR1 置 1；若已规定由外中断引脚电平启动，则需给外引脚加启动电平。当实现了启动要求后，定时器即按规定的工作方式和初值开始计数或定时）。

下面介绍确定定时/计数器初值的具体方法。

因为在不同工作方式下计数器位数不同，因而最大计数值也不同。

现假设最大计数值为 M，那么各方式下的最大值 M 值如下：

方式 0：$\qquad M = 2^{13} = 8192$ (4.1)

方式 1：$\qquad M = 2^{16} = 65536$ (4.2)

方式 2：$\qquad M = 2^{8} = 256$ (4.3)

方式 3：定时器 0 分成两个 8 位计数器，所以两个 M 均为 256。

因为定时器/计数器是作"加 1"计数，并在计数满溢出时产生中断，因此初值 X 计算公式为：

$$X = M - C \qquad (4.4)$$

其中，C 为计数器记满回零所需的计数值，即设计任务要求的计数值。

【例 4.2】初始化定时器，使 T1 工作在方式 1 用于定时，在 P1.1 输出周期为 1ms 方波，已知晶振频率 $f_{OSC} = 6MHz$。

解：根据题意，T1 工作在方式 1，则 M1（D5）M0（D4）=01；T1 用于定时，则 $C/\overline{T}=0$；此例中用软件启动 T1，所以 GATE=0。在此 T0 不用，方式字可任意设置，只要不使其进入方式 3 即可，一般取 0，故 TMOD=10H。

要得到 1ms 的方波信号，只要使 P1.1 每隔 500μs 取反一次即可得到 1ms 的方波，因而 T1 的定时时间为 500μs。

机器周期：$\qquad T = 12/f_{OSC} = 12/(6 \times 10^6) = 2\mu s$ (4.5)

设初值为 X，则：$\qquad (2^{16} - X) \times 2 \times 10^{-6}s = 500 \times 10^{-6}s$ (4.6)

$$X = 2^{16} - 250 = 65286 = FF06H \qquad (4.7)$$

因此 TH1=FFH，TL1=06H。

初始化程序如下：

```
TMOD=0x10;          //定时器1工作方式1
TH1=0xFF;
TL1=0x06;           //装入时间常数
TR1=1;              //启动定时器
```

 拓展小知识

由于定时器/计数器的初值 THx、TLx 在编程时一般预设为十六进制数，且如若晶振频率为其他值时，初值的计算过程将变得很繁琐，在实用中建议使用定时器/计数器初值计算小工具，类似的工具有很多，也可以使用 STC-ISP 中的辅助功能予以计算，可以提高很多编程效率。

4.2.2　定时器应用实例

【例4.3】在 STC2.0 开发板上实现每隔 1s 数码管显示数值计数加 1，计数范围为 0～9。（使用四位一体数码管的任意一位即可）

分析：首先应对定时器进行初始化操作，使用定时器 0 工作方式 1，由于工作方式 1 为 16 位计数器，在 f_{osc}=12MHz 情况下，最大定时时长为 65.53ms，因此如要间隔 1s，定时器可设置定时时长为 50ms，定时溢出 20 次即可。

定时器 0 工作方式 1，定时时长 50ms，设置 TMOD=0x01，通过计算定时器的初值为 TH0=0x3C，TL0=0xB0。

关于 0～9 计数即十进制计数可用一个变量加 1 循环控制实现即可。

参考程序如下：

```
#include "reg52.h"
#define uchar unsigned char
#define uint unsigned int
sbit H1 = P1^0;
unsigned char code numChar[]={0xC0,0xF9,0xA4,0xB0,0x99,0x92,0x82,0xF8,0x80,0x90};
//共阳数码管 0-9 字符码
void main(){
    uchar count = 0;                //定义计数变量
    uchar tfCnt = 0;                //定义溢出次数变量
    TMOD = 0x01;
    TH0 = 0x3C;
    TL0 = 0xB0;
    TR0 = 1;
    H1 = 0;                         //打开末位位选端
    while(1){
        P0 = numChar[count];
        if(TF0 == 1){
            TF0 = 0;                //查询方式下溢出标志位软件清 0
            TH0 = 0x3C;             //再次装载初值
            TL0 = 0xB0;
            tfCnt++;
```

```
        if(tfCnt > 20){                    //溢出 20 次判断
            count++;
            if(count > 9){                 //计数范围控制
                count = 0;
            }
            tfCnt = 0;
        }
    }
    }
    }
```

任务实施：在 STC2.0 开发板上实现每隔 500ms 数码管显示数值计数加 1，计数范围为 00～99（使用四位一体数码管的末两位即可）。

数码管如何实现末两位显示数值呢？

分析：计数变量 count，十位部分=count/10，个位部分=count%10，用该办法即可提取两个数值送数码管显示了。

设置定时器定时 50ms，使用定时器 1 工作方式 1，循环溢出 10 次即为 500ms。

```
    TMOD =
    TH1 =
    TL1 =
```

程序代码：

【例 4.4】（PWM 调光）在 STC2.0 开发板上实现用 1 个开关 S5 控制 1 个 LED 的亮度；灯泡有较亮亮度和较暗亮度，开关闭合时灯泡较亮，开关断开时灯泡较暗。（为明显显示效果，请将除 LED0 之外的拨码开关断开）。

分析：PWM（Pulse Width Modulation），即脉冲宽度调制，是一种改变方波的占空比以输出不同波形的方法，当输出脉冲的频率一定时，输出脉冲的占空比越大，其高电平持续的时间越长，如图 4.2 所示。

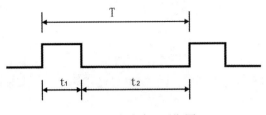

图 4.2 脉冲波形周期图

在一个信号周期 T 中，高电平持续的时间为 t_1，低电平持续的时间为 t_2，高电平持续的时间与信号周期的比值，称为占空比。例如，如果信号周期 T=20ms，高电平持续的时间 t_1=10ms，则占空比为 t_1/T=50%。只要改变 t_1 和 t_2 的值，即改变波形的占空比，就可达到 PWM 脉宽调制的目的。本例采用定时器/计数器的定时功能，产生两种不同占空比的波形，从而控制 LED 亮度，如图 4.3 所示。

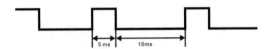

（a）占空比为 1/4 的 PWM 波形（灯泡较亮）

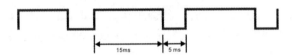

（b）占空比为 3/4 的 PWM 波形（灯泡较暗）

图 4.3 控制灯泡较亮状态和较暗状态的波形

参考程序如下：

```
#include "reg52.h"
#define uchar unsigned char
#define uint unsigned int
sbit L1=P2^3;                       //矩阵键盘列线
sbit S5=P2^7;
sbit LED0 = P2^0;
void time5ms(uchar);                //延时 5ms 函数声明

void main(){
    TMOD = 0x00;
    S5 = 1;
    L1 = 0;                         //改 S5 为独立按键
    while(1){
        while(S5 == 0){
            LED0 = 0;               //PWM 输出占空比为 1/4
            time5ms(3);
            LED0 = 1;
            time5ms(1);
        }
        LED0 = 0;                   //PWM 输出占空比为 3/4
```

```
                time5ms(1);
                LED0 = 1;;
                time5ms(3);
            }
        }

    void time5ms(uchar i){
        uchar k;
        for(k=0;k<i;k++){
            TH0 = (8192-5000)/32;
            TL0 = (8192-5000)%32;
            TR0 = 1;
            while(!TF0);
                TF0 = 0;
        }
    }
```

4.3　任务三　计数器的使用

当定时器/计数器工作在计数功能时，分别对从芯片引脚 T0（P3.4）或 T1（P3.5）上输入的脉冲进行计数，外部脉冲的下降沿将触发计数。在每个机器周期的 S5P2 期间采样引脚输入电平，如果前一个机器周期采样值为 1，后一个机器周期采样值为 0，则计数器加 1。新的计数值是在检测到输入引脚电平发生 1 到 0 的负跳变后，下一个机器周期的 S3P1 期间装入计数器的。可见，检测一个由 1 到 0 的负跳变需要 2 个机器周期。所以，最高检测频率为振荡频率的 1/24。同时必须保证输入信号的高电平与低电平的持续时间都在 1 个机器周期以上。

使用 STC2.0 开发板，在 12MHz 振荡频率下，则可输入最高频率为 500KHz 的外部脉冲。

【例 4.5】使用计数器 T0 统计外部脉冲个数，外部脉冲从 P3.4 接入，可模拟一个 100kHz 的信号输入用作测试。

分析：使用 T0 工作在计数器模式下，$C/\overline{T}=1$；设置 T0 工作在方式 2，M1M0=10，即 TMOD=0x06；外部脉冲接入时，每有一个电平跳变，TL0 计数值就会加 1，可将 TL0 的值存入一变量，变量数据即为脉冲个数。

参考程序如下：

```
    #include "reg52.h"
    #define uchar unsigned char;
    void main(){
        uchar count = 0;                    //定义计数变量
        TMOD = 0x06;
        TH0 = 0;
        TL0 = 0;
        TR0 = 0;
        while(1){
            count = TL0;
        }
    }
```

【例 4.6】利用定时器/计数器的门控位 GATE 测量正脉冲宽度，假定晶振频率 12MHz，正脉冲宽度不超过 256μs，将测量结果以二进制形式（00～FF）显示在 8 个 LED 上（正脉冲信号从外部引脚 $\overline{INT0}$（P3.2）输入）。

分析：门控位 GATE 信号用于控制定时器/计数器的启动是否受外部引脚 $\overline{INT0}$（P3.2）或 $\overline{INT1}$（P3.3）的控制，GATE=1 时，除了 TCON 中的运行控制位 TR0 或 TR1 置 1，同时需要 $\overline{INT0}$（P3.2）或 $\overline{INT1}$（P3.3）为高电平才可启动相应定时器/计数器。

利用 GATE 这个功能，可以测量 $\overline{INT0}$（P3.2）或 $\overline{INT1}$（P3.3）引脚上正脉冲的宽度（机器周期数）。如果晶振频率为 12MHz，机器周期则为 1μs，那么机器周期数就是正脉冲宽度（单位为 μs）。

参考程序如下：

```
#include "reg52.h"
sbit INPUT = P3^2;              //定义 P3.2 引脚的位名称为 INPUT
void main(){
    TMOD = 0x0a;                //设置 T0:GATE=1，定时功能，工作方式 2
    TL0 = 0;
    TH0 = 0;
    while(INPUT == 1);          //等待脉冲输入变 0
    TR0 = 1;                    //运行控制位置 1，尚未启动计数
    while(INPUT == 0);          //等待输入脉冲变 1，真正启动计数
    while(INPUT == 1);          //等待脉冲输入变 0，计数器停止计数
    TR0 = 0;                    //将运行控制位清 0
    P2 = TL0;                   //将计数结果显示在 P2 控制的 8 个 LED 上
    while(1);
}
```

采用定时器/计数器 T0 的工作方式 2 的定时功能，计数器为 8 位的 TL0，GATE=1 时，TR0=1 与 $\overline{INT0}$（P3.2）引脚变为高电平，这两个条件同时满足时，启动 TL0 从初值 0 加 1 计数；当 $\overline{INT0}$（P3.2）引脚变为低电平时，TL0 停止计数，这时 TL0 中的计数值就是这个正脉冲宽度（机器周期数）。

"while(1);" 是停止语句，进行无限循环。开始测量时，应先设置好测量信号，再复位单片机；当完成一次测量后，程序不再运行，如果需要进行下一次测量，也必须先进行单片机复位操作。

项目五　中断系统

中断系统是微型计算机的重要组成部分，通常用于实时控制、故障处理、CPU 与外围设备间的数据传输等。有了中断系统，可以大大提高微机处理效率、增强控制实时性和系统可靠性。

5.1　任务一　中断的工作原理

5.1.1　中断的基本概念

中断是指 CPU 在正常运行时，由于内部/外部事件或由程序预先安排的事件，引起 CPU 中断正在进行的程序，而转到为内部/外部事件或由程序预先安排的事件的程序中，服务完毕后，再返回继续执行被暂时中断的程序的过程。即中断是一种信号，它告诉 CPU 已经发生了某种需要特别注意的事件，需要去处理或为其服务。

中断系统是指能够实现中断功能的硬件电路和软件程序。中断后转向执行的程序叫中断服务程序或中断处理程序。原程序被断开的位置（地址）叫作断点。

中断源是指发出中断信号的设备。中断源要求中断服务所发出的标志信号称为中断请示或中断申请。中断源向 CPU 发出中断申请，CPU 经过判断认为满足条件，则对中断源作出答复，这叫中断响应。中断响应后就去处理中断源的有关请求，即转去执行中断服务程序。

对于计算机控制系统而言，中断源是多种多样的。不同的机器中断源也有所不同。一般情况下中断包括：外部设备如键盘、打印机等，还有内部定时器、故障源以及根据需要人为设置的中断源等。引入中断的主要优点有：

（1）提高 CPU 工作效率。CPU 工作速度快，外设工作速度慢，形成 CPU 等待，效率降低。设置中断后，CPU 不必花费大量时间等待和查询外设工作。

（2）实现实时处理功能。中断源根据外界信息变化可以随时向 CPU 发出中断请求，若条件满足，CPU 会马上响应，对中断要求及时处理。若用查询方式往往不能及时处理。

（3）实现分时操作。单片机应用系统通常需要控制多个外设同时工作。例如键盘、打印机、显示器、A/D 转换器、D/A 转换器等。这些设备工作有些是随机的，有些是定时的，对于一些定时工作的外设，可以利用定时器，到一定时间产生中断，在中断服务程序中控制这些外设工作。

5.1.2　中断系统的结构

51 系列单片机中断系统有 5 个中断源，可以编程控制每个中断源的中断优先级别、中断允许与关闭等。与中断有关的寄存器有 4 个，分别为中断标志寄存器 TCON 和 SCON、中断允许控制寄存器 IE 和中断优先级控制器 IP，都可以进行位操作。其中断系统的结构如图 5.1 所示。

51 系列单片机中断系统有 5 个中断源，2 个中断优先级，可实现两级中断服务程序嵌套。每一个中断源可以独立地编程，控制它的中断允许或屏蔽状态、中断优先级别。

1. 中断源

51 系列单片机有 5 个中断源。它们分别是：2 个外部中断，即 $\overline{INT0}$（P3.2）和 $\overline{INT1}$（P3.3）。3 个片内中断，即定时器 T0 的溢出中断、定时器 T1 的溢出中断和串行口中断。这 5 个中断源，可以根据需要随时向 CPU 发出中断申请。

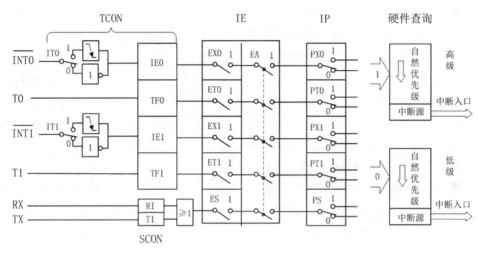

图 5.1 51 系列单片机中断系统结构

（1）$\overline{INT0}$：外部中断请求 0。由 P3.2 引脚输入，IT0 位（TCON.0）决定是低电平有效还是下降沿有效。一旦输入信号有效，中断标志位 IE0 自动置 1，向 CPU 申请中断。

（2）$\overline{INT1}$：外部中断请求 1。由 P3.3 引脚输入，IT1 位（TCON.2）决定是低电平有效还是下降沿有效。一旦输入信号有效，中断标志位 IE1 自动置 1，向 CPU 申请中断。

（3）TF0：T0 溢出中断请求。当 T0 计数溢出时，T0 中断请求标志位（TCON.5）自动置 1，向 CPU 申请中断。

（4）TF1：T1 溢出中断请求。当 T1 计数溢出时，T1 中断请求标志位（TCON.7）自动置 1，向 CPU 申请中断。

（5）RI 或 TI：串行口中断请求。当接收或发送完一帧串行数据时，串行口中断请求标志位 RI（SCON.0）或 TI（SCON.1）自动置 1，向 CPU 申请中断。

2. 中断请求标志

51 系列单片机的中断请求标志是由定时器控制寄存器（TCON）和串行口控制寄存器（SCON）中的若干位构成的。定时器控制寄存器 TCON 各位定义见表 5.1，串行口控制寄存器 SCON 各位定义见表 5.2。

表 5.1 寄存器 TCON 的内容及位地址

TCON	D7	D6	D5	D4	D3	D2	D1	D0
位符号	TF1	TR1	TF0	TR0	IE1	IT1	IE0	IT0
位地址	8FH	8EH	8DH	8CH	8BH	8AH	89H	88H

表 5.2　寄存器 SCON 的内容及位地址

SCON	D7	D6	D5	D4	D3	D2	D1	D0
位符号	SM0	SM1	SM2	REN	TB8	RB8	TI	RI
位地址	9FH	9EH	9DH	9CH	9BH	9AH	99H	98H

（1）IE0 和 IE1：外部中断请求标志位

当 CPU 在 $\overline{INT0}$（P3.2）或 $\overline{INT1}$（P3.3）引脚上采样到有效的中断请求信号时，IE0 或 IE1 位由硬件置 1。在中断响应完成后转向中断服务时，再由硬件将该位自动清零。

（2）TF0 和 TF1：定时器/计数器溢出中断请求标志位

TF0（或 TF1）=1 时，表示对应计数器的计数值已由全 1 变为全 0，计数器计数溢出，相应的溢出标志位由硬件置 1。计数溢出标志位的使用有两种情况，当采用中断方式时，它作为中断请求标志位来使用，在转向中断服务程序后，由硬件自动清零；当采用查询方式时，它作为查询状态位来使用，并由软件清零。

（3）TI：串行口发送中断请求标志位

当发送完一帧串行数据后，由硬件置 1；在转向中断服务程序后，需要用软件对该位清零。

（4）RI：串行口接收中断请求标志位

当接收完一帧串行数据后，由硬件置 1；在转向中断服务程序后，需要用软件对该位清零。串行中断请求由 TI 和 RI 的逻辑或得到。就是说，无论是发送标志还是接收标志，都会产生串行中断请求。

除了以上中断源的中断请求标志位之外，还有控制位 IT0 和 IT1，用来选择外部中断触发方式，当这个位为 0 时，设置外部中断为电平触发方式；当这个位为 1 时，设置外部中断为下降沿触发方式。

8051 系统复位后，TCON 和 SCON 都清零，应用时要注意各位的初始状态。

3．中断允许控制

5 个中断源都是可屏蔽中断，中断系统设有一个专用寄存器 IE 用于控制 CPU 对各中断源的允许或屏蔽。当某一中断（事件）出现时，相应的中断请求标志位被置位（即中断有效），但该中断请求能否被 CPU 识别，则由中断控制寄存器 IE 的相应位的值来决定，中断控制寄存器 IE 可对各中断源进行开放和关闭的两级控制。IE 寄存器各位的定义见表 5.3。

表 5.3　寄存器 IE 的内容及位地址

IE	D7	D6	D5	D4	D3	D2	D1	D0
位符号	EA	-	ET2	ES	ET1	EX1	ET0	EX0
位地址	AFH	AEH	ADH	ACH	ABH	AAH	A9H	A8H

其中各位的含义如下：

EA：中断允许/禁止位，它是中断请求的总开关。0 为禁止，1 为允许。当 EA=0 时，将屏蔽所有中断请求。

ES：允许/禁止串行口中断，当 ES 位为 0 时，禁止串行口中断。当 ES 位为 1 时，允许串行口中断。

ET2/ET1/ET0：允许/禁止定时器 T2/T1/T0 中断，当 ET2/ET1/ET0 位为 0 时，禁止定时/计数器 T2/T1/T0 中断，当 ET2/ET1/ET0 位为 1 时，允许定时/计数器 T2/T1/T0 中断。

EXl/EX0：允许/禁止 $\overline{INT0}$/$\overline{INT1}$ 中断，当 EXl/EX0 位为 0 时，禁止 $\overline{INT0}$/$\overline{INT1}$ 中断，当 EXl/EX0 位为 1 时，允许 $\overline{INT0}$/$\overline{INT1}$ 中断。

单片机复位后，将 IE 寄存器清零，单片机处于关中断状态。若要开放中断，必须使 EA=1，且相应中断允许位也为 1。开中断既可使用置位指令，也可使用字节操作指令实现。

4. 中断优先级别

单片机的中断系统通常允许多个中断源，当几个中断源同时向 CPU 发出中断请求时，就存在 CPU 优先响应哪一个中断源请求的问题。51 系列单片机只有两个中断优先级，即低优先级和高优先级，对于所有的中断源均可由软件设置为高优先级中断或低优先级中断，当寄存器 IP 中相应位的值为 0 时表示该中断源为低优先级，为 1 时表示为高优先级。高优先级中断源可以中断一个正在执行的低优先级中断源的中断服务程序，即可实现两级中断嵌套，但同级或低优先级中断源不能中断正在执行的中断服务程序。寄存器 IP 见表 5.4。

表 5.4   寄存器 IP 的内容及位地址

IP	D7	D6	D5	D4	D3	D2	D1	D0
位符号	-	-	PT2	PS	PT1	PX1	PT0	PX0
位地址	BFH	BEH	BDH	BCH	BBH	BAH	B9H	B8H

其中各位含义如下：

PT2：定时/计数器 T2 中断优先级控制位。若 PT2=1，则定时/计数器 T2 指定为高优先级，否则为低优先级。

PS：串行口中断优先级控制位。若 PS=1，则串行口指定为高优先级，否则为低优先级。

PT1：定时/计数器 T1 中断优先级控制位。若 PT1=1，则定时/计数器 T1 指定为高优先级，否则为低优先级。

PX1：外部中断 1 中断优先级控制位。若 PX1=1，则外部中断 1 指定为高优先级，否则为低优先级。

PT0：定时/计数器 T0 中断优先级控制位。若 PT0=1，则定时/计数器 T0 指定为高优先级，否则为低优先级。

PX0：外部中断 0 中断优先级控制位。若 PX0=1，则外部中断 0 指定为高优先级，否则为低优先级。

当系统复位后，IP 低 5 位全部清零，所有中断源都设定为低优先级中断。

当几个同级的中断源提出中断请求，CPU 同时收到几个同一优先级的中断请求时，哪一个的请求能够得到服务取决于单片机内部的硬件查询顺序，其硬件查询顺序便形成了中断的自然优先级，CPU 将按照自然优先级的顺序确定该响应哪个中断请求，自然优先级是按照外部中断 0、定时器/计数器 0、外部中断 1、定时/计数器 1、串行口、定时器/计数器 2 的顺序依次来响应中断请求，见表 5.5。

表 5.5 中断源和优先次序

中断源	入口地址	优先级别	说明
外部中断 0	0003H	高	来自 P3.2 引脚（INT0）的外部中断请求
定时器/计数器 0	000BH		定时/计数器 T0 溢出中断请求
外部中断 1	0013H	↓	来自 P3.3 引脚（INT1）的外部中断请求
定时器/计数器 1	001BH		定时/计数器 T1 溢出中断请求
串行口	0023H	低	串行口完成一帧数据的发送或接收请求

在同时发生多个中断申请时，51 系列单片机中断优先级处理原则可总结如下：

（1）不同优先级的中断同时申请：先高后低，即先处理高优先级中断，再处理低优先级中断。

（2）相同优先级的中断同时申请：按序执行，即按自然优先级顺序响应中断。

（3）正处理低优先级中断又接到高优先级中断：高打断低，即单片机暂时停止执行低优先级中断服务程序程序，转去处理高优先级的中断服务程序，待高优先级服务程序处理完毕再返回来执行被打断的低优先级的中断服务程序。

（4）正处理高优先级中断又接到低优先级中断：高不理低，即单片机继续执行高优先级中断服务程序，待高优先级中断服务程序处理完毕以后再响应低优先级中断服务程序。

5.1.3 中断处理过程

中断处理过程包括中断响应和中断处理 2 个阶段，不同的计算机因其中断系统的硬件结构不同，其中断响应的方式也有所不同。

1. 中断响应条件

中断响应是指 CPU 对中断源中断请求的响应，包括保护断点和将程序转向中断服务程序的入口地址（通常称中断向量入口地址或矢量地址）。CPU 并非任何时刻都能响应中断请求，而是在满足所有中断响应条件，且不存在任何一种中断阻断情况时才会响应。

CPU 响应中断的条件如下：

（1）有中断源发出中断请求。

（2）总中断允许位 EA 置 1。

（3）申请中断的中断允许位置 1。

CPU 响应中断的阻断情况如下：

（1）CPU 正在响应同级或更高优先级的中断。

（2）当前指令未执行完。

（3）正在执行中断返回或返回寄存器 IE 和 IP。

如果存在上述任何一种情况，中断查询结果即被取消，CPU 不响应中断请求而在下一个机器周期继续查询，否则，CPU 在下一机器周期响应中断。

CPU 在每一个机器周期的 S5P2 期间查询每一个中断源，并设置相应的标志位，在下一个机器周期 S6 期间按优先级顺序查询每个中断标志。如果查询到某一个中断标志位为 1，将在下一个机器周期 S1 期间按优先级进行中断处理。

2. 中断响应过程

中断响应过程就是自动调用并执行中断函数的过程。C51 编译器支持在 C 源程序中直接以函数形式编写中断服务程序。中断服务程序中，必须指定对应的中断号，用中断号确定该中断服务程序是哪个中断所对应的中断服务程序。常用的中断函数定义语法如下：

```
void    函数名（参数）  interrupt  n  using  m
{
    函数体语句；
}
```

其中：interrupt 后面的 n 是中断号；关键字 using 后面的 m 是所选择的寄存器组，取值范围是 0～3，定义中断函数时，using 是一个可选项，可以省略不用。

例如：

```
void int_1() interrupt 2 using 2          //中断号 n=2，选择第 2 组工作寄存器
```

51 单片机所提供的 5 个中断源所对应的中断类型号和中断服务程序入口地址见表 5.6。

表 5.6　中断源对应的中断类型号和中断服务程序入口地址

中断源	n	入口地址
外部中断 0	0	0003H
定时器/计数器 0	1	000BH
外部中断 1	2	0013H
定时器/计数器 1	3	001BH
串行口	4	0023H

编写中断函数时要注意下列问题。

（1）在设计中断时，要注意的是哪些功能应该放在中断程序中，哪些功能应该放在主程序中。首先中断服务程序做最少量的工作，系统对中断的反应面更宽了，有些系统如果丢失中断或对中断反应太慢将产生十分严重的后果。其次它可使中断服务程序的结构简单，不容易出错。中断服务程序的设计对系统的成败有至关重要的作用，要仔细考虑各中断之间的关系和每个中断执行的时间，特别要注意那些对同一个数据进行操作的 ISR（Interrupt Service Routine 中断服务程序）。

（2）中断函数不能传递参数。如果中断过程包括任何参数声明，编译器将产生一个错误信息。

（3）中断函数没有返回值。如果定义一个返回值，将产生错误。但是，如果返回整型值，编译器将不产生错误信息，因为整型值是默认值，编译器不能清楚识别。

（4）中断函数调用其他函数，则要保证使用相同的寄存器组，否则会出错。不同的中断函数使用不同的寄存器组，这样可以避免中断嵌套调用时的资源冲突。

（5）中断函数使用浮点运算要保存浮点寄存器的状态。

3. 中断响应时间

使用外部中断时，有时需要考虑中断响应时间。中断响应时间是指从中断请求标志位置 1 到 CPU 开始执行中断服务程序的第 1 条语句所需要的时间。

CPU 在每一个机器周期期间采样其输入引脚 $\overline{INT0}$ 或 $\overline{INT1}$ 端的电平。如果中断请求有效，

那么自动置 1 中断请求标志位 IE0 或 IE1，然后在下一个机器周期再对这些值进行查询。如果满足中断响应条件，那么 CPU 响应中断请求，在下一个机器周期执行一条硬件长调用指令，使程序转入中断函数执行。这个调用指令执行时间是 2 个机器周期。所以，外部中断响应时间至少需要 3 个机器周期。这是最短的中断响应时间。

如果系统不满足所有的中断响应条件，或者存在任何一种中断阻断情况，那么中断请求将被阻断。中断响应时间将会延长。例如，一个同级或更高级的中断正在进行，那么附加的等待时间取决于正在进行的中断服务程序的长度。如果正在执行的一条指令还没有进行到最后一个机器周期，那么附加的等待时间为 1～3 个机器周期。一般而言，中断响应时间为 3～8 个机器周期。

4. 中断请求撤除

CPU 响应中断请求后即进入中断服务程序。在中断返回前，应撤除这个中断请求。否则，会重复引起中断而导致错误。51 系列单片机各中断源中断请求撤销的方法各不同。

对于定时器 T0 或 T1 溢出中断，CPU 在响应中断后，即由硬件自动清除其中断标志位 TF0 或 TF1，无需采取其他措施。

对于串行口中断，CPU 在响应中断后，硬件不能自动清除中断请求标志位 T1、R1，必须在中断服务程序中用软件将其清除。

外部中断可分为下降沿触发型和低电平触发型。

对于下降沿触发的外部中断 0 或 1，CPU 在响应中断后，由硬件自动清除其中断标志位 IE0 或 IE1，无需采取其他措施；下降沿是一个瞬时动作，发生后就自动消失了。

对于低电平触发的外部中断 0 或 1，CPU 在响应中断后，硬件会自动清除其中断标志位 IE0 或 IE1。但是因为加到引脚上的低电平并未撤除，IE0 或 IE1 会再次被置 1，所以在响应中断后，应立即撤除 $\overline{INT0}$ 或 $\overline{INT1}$ 引脚上的低电平，否则就会引起重复中断而导致错误。可以在硬件中加入 D 触发器，在软件中增加控制语句的方法实现，如图 5.2 所示。

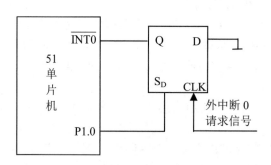

图 5.2　中断撤除的硬件连接

由图可知，外部中断请求信号不直接加在 $\overline{INT0}$ 或 $\overline{INT1}$ 引脚上，而是加在 D 触发器的 CLK 端，因为 D 端接地，当外部中断请求的正脉冲信号出现在 CLK 端时，Q 端输出为 0，$\overline{INT0}$ 或 $\overline{INT1}$ 为低，外部中断向单片机请求中断。利用 P1.0 作为应答线，当 CPU 响应中断后，可在中断服务程序中编写 2 条指令来撤除外部中断请求。

```
P1 &= 0xFE;
P1 |= 0x01;
```

第 1 条指令使 P1.0 为 0，因 P1.0 与 D 触发器的异步置 1 端 S_D 相连，Q 端输出为 1，从而撤除中断请求。第 2 条指令使 P1.0 变为 1，Q 继续受 CLK 控制，即新的外部中断请求信号又能向单片机申请中断。第 2 条指令是必不可少的，否则将无法再次形成新的外部中断。

5.2　任务二　中断的应用

5.2.1　定时器中断

定时器中断的使用方法即在定时器的应用基础上加入中断步骤即可，具体步骤如下：

（1）确定定时器工作方式（即对 TMOD 赋值）。

（2）预置定时或计数的初值（可直接将初值写入 TH0、TL0 或 TH1、TL1）。

（3）设置中断控制使能位（开总中断 EA 置 1，开中断源的中断将对应使能端置 1）。

（4）启动定时器/计数器（若已规定用软件启动，则可把 TR0 或 TR1 置"1"；若已规定由外中断引脚电平启动，则需给外引脚加启动电平。当实现了启动要求后，定时器即按规定的工作方式和初值开始计数或定时）。

（5）编写中断服务子程序。

【例 5.1】使用定时器中断在 STC2.0 开发板上实现每隔 1s 数码管显示数值计数加 1，计数范围为 00～59（使用四位一体数码管的末两位即可）。

分析：首先对定时器进行初始化操作，使用定时器 0 工作方式 1，由于工作方式 1 为 16 位计数器，定时器可设置定时时长为 50ms，定时溢出 20 次即可。设置 TMOD=0x01，通过计算定时器的初值为 TH0=0x3C，TL0=0xB0。

使用定时器 0 中断，开启总中断 EA=1，ET0=1，或者设置 IE=0x82（二进制 1000 0010）。

启动定时器，设置 TR0=1；当 T0 计数溢出时将自动跳入中断服务子程序中。

关于 00～59 的计数即六十进制的计数程序可采用一位数的计数方式实现。即可定义一个计数变量 count，T0 每溢出 20 次即 1s 时间就将 count+1，当计数到 60 时，将 count 清零。

参考程序如下：

```
#include "reg52.h"
#define uchar unsigned char
#define uint unsigned int
sbit H1 = P1^0;                    //位选端定义
sbit H2 = P1^1;
unsigned char code numChar[]={0xC0,0xF9,0xA4,0xB0,0x99,0x92,0x82,0xF8,0x80,0x90};
uchar count = 0;                   //计数变量
uchar tfCnt = 0;                   //计数溢出变量
void display();                    //显示子函数声明
void delayMs(uint);
void main(){
    TMOD = 0x01;
    TH0 = 0x3C;
    TL0 = 0xB0;
    EA = 1;                        //开总中断
```

```
        ET0 = 1;                        //开定时器 0 中断
        TR0 = 1;                        //启动定时器
        while(1){
            display();
        }
    }

    void T0Int() interrupt 1{           //中断服务子程序
        TH0 = 0x3C;                     //重载初值
        TL0 = 0xB0;
        tfCnt ++;
        if(tfCnt==20){
            count++;
            if(count == 60){
                count = 0;
            }
            tfCnt = 0;
        }
    }

    void display(){
        H1 = 0;
        P0 = numChar[count%10];         //送 count 的个位段码
        delayMs(5);
        H1 = 1;
        H2 = 0;
        P0 = numChar[count/10];         //送 count 的十位段码
        delayMs(5);
        H2 = 1;
    }

    void delayMs(uint cnt){             //延时 1ms 子程序
        uchar i;
        while(cnt--){
            for(i=0;i<=120;i++);
        }
    }
```

任务实施：在 STC2.0 开发板上实现分秒计时，分与秒用 "." 隔开（使用四位一体数码管的前两位显示分，后两位显示秒）。

带有 "." 的 0～9 的共阳数码管字形编码为：

分、秒计数的实现思路：

5.2.2　外部中断

外部中断的初始化主要是对外部中断相关的寄存器初始化，具体步骤如下：

1. 设置中断控制使能位

IE 寄存器中与外部中断 0/1 有关的位有三位：中断总开关 EA 和外部中断 0/1 的中断允许位 EX0/EX1，要开放外部中断 0/1 的中断，必须将 EA 和 EX0/EX1 都置 1，用位操作指令（EA=1;EX0/EX1=1）或用逻辑操作指令 IE |= 0x81 和 IE |= 0x84；

2. 设置外部中断的触发方式（TCON 中的 IT0 或 IT1）

IT0（IT1）=1 脉冲触发方式，下降沿有效。

IT0（IT1）=0 电平触发方式，低电平有效。

如将 P3.2 引脚（对应外部中断 0）的中断输入信号设置为下降沿触发，因此 IT0 应置为 1，由于 TCON 寄存器可以位寻址，为了不影响其他位的设置，可用 IT0=1 来设置，或者用逻辑或操作 TCON |=0x01 来实现。

3. 设置外部中断的优先级（IP 中的 PX0 或 PX1）

IP 寄存器中与外部中断 0/1 相关的位为 PX0/PX1，可通过语句 PX0/ PX1=1 将外部中断 0 设置为高优先级，通过语句 PX0/ PX1=0 将外部中断 0 设置为低优先级。如果只有一个中断，不需要对其优先级设置，单片机复位后 IP=0x00，所有中断优先级都默认为低优先级。

4. 编写外部中断服务子程序

根据项目需要，当外部中断源中断标志位 IE0 或 IE1 有效时，CPU 将自动访问外部中断源的中断向量入口地址 0003H/0013H，执行中断服务子程序。

【例 5.2】 在 STC2.0 开发板上实现矩阵键盘上 S5 按键的改装，将 P2.3 由软件输出低电平，用跳线将 P2.7 引脚与 P3.2 引脚相连。用外部中断编程统计按键按下的次数，并送数码管显示。

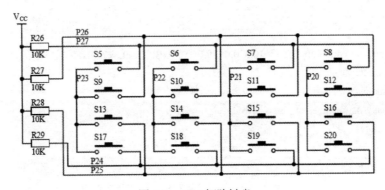

图 5.3　4×4 矩阵键盘

分析：首先我们来看一个单按键接入外部中断的电路，硬件电路如图 5.4 所示；

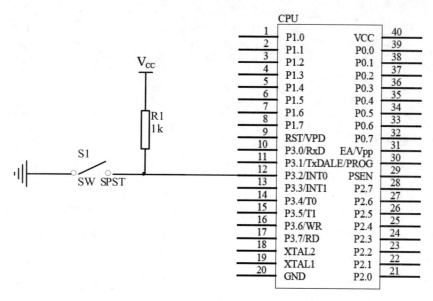

图 5.4　硬件电路图

分析电路可知，当按键 S1 没有按下时由于上拉电阻的作用，P3.2 端口为高电平，当按键按下以后，P3.2 端口直接与地相接，因此 P3.2 端口为低电平，因此每按一次按键 S1，P3.2 端口电平都会有一个由高到低的跳变，从而触发外部中断。大家可以思考一下，为什么这里的触发方式不选择低电平触发呢？

通过如题要求的改装，可将矩阵键盘的 S5 改装成类似的独立按键实施编程。

当按键按下后，电平由高到低，即为下降沿，因此可设置外部中断为下降沿触发，中断次数的统计显示根据之前学习的内容即可实现。

参考程序如下：

```
#include "reg52.h"
#define uchar unsigned char
#define uint unsigned int
sbit L1 = P2^3;
sbit S5 = P2^7;
sbit H1 = P1^0;
sbit H2 = P1^1;
unsigned char code numChar[]={0xC0,0xF9,0xA4,0xB0,0x99,0x92,0x82,0xF8,0x80,0x90};
uchar count = 0;
void display();
void delayMs(uint);
void main(){
    S5 = 1;
    L1 = 0;
    IT0 = 1;                          //设置外部中断下降沿触发
```

```
    EA = 1;                              //开总中断
    EX0 = 1;                             //开外部中断 0
    while(1){
        display();
    }
}
void intKey() interrupt 0{               //外部中断 0 中断服务子程序
display();                               //延时消抖，利用显示作延时，大概 10ms
    if(S5==0){
        count++;                         //按键次数计数器
        if(count == 100){
            count = 0;
        }
    }
}
void display(){                          //显示按键次数函数
    H1 = 0;
    P0 = numChar[count%10];
    delayMs(5);
    H1 = 1;
    H2 = 0;
    P0 = numChar[count/10];
    delayMs(5);
    H2 = 1;
}
void delayMs(uint cnt){
    uchar i;
    while(cnt--){
        for(i=0;i<=120;i++);
    }
}
```

在编写本程序时，我们注意到在中断服务子程序中，我们引入了 display()功能函数，这是为什么呢？

实际上是为了实现按键的延时消抖，如果不加入该程序，按键按下后，数值会有加 2 或加 3 的情况出现。那么过去我们软件消抖使用的是延时程序，为什么这里不用呢？是因为如果使用延时函数，会出现按下按键，数码管灭掉的情况。此处解决方法就是使用"显示作消抖"，显示子程序实际上通过分析发现执行时间大概也在 10ms，完全可以用来实现延时功能，请大家一定要记住这种实际应用中的典型做法。

任务实施： 在 STC2.0 开发板上实现矩阵键盘上 S5、S9 按键的改装，将 P2.3 由软件输出低电平，用跳线将 P2.7 引脚与 P3.2 引脚相连，用另一根跳线将 P2.6 引脚与 P3.3 引脚相连，用外部中断编程实现按下 S5 后计数加 1，按下 S9 后计数减 1，并送数码管显示。

请将$\overline{\text{INT0}}$和$\overline{\text{INT1}}$的中断服务子程序编写出来。

```
void intKeyplus() interrupt 0{


}

void intKeyplus() interrupt 2{


}
```

5.2.3 有关 STC12C5A60S2 的中断

STC12C5A60S2 系列单片机提供了 10 个中断请求源，它们分别是：外部中断 0（$\overline{\text{INT0}}$）、定时器 0 中断、外部中断 1（$\overline{\text{INT1}}$）、定时器 1 中断、串口 1（UART1）中断、A/D 转换中断、低压检测（LVD）中断、PCA 中断、串口 2 中断及 SPI 中断。所有的中断都有 4 个中断优先级。用户可以用关总中断允许位（EA/IE.7）或相应中断的允许位来屏蔽所有的中断请求，也可以用打开相应的中断允许位来使 CPU 响应相应的中断申请；每一个中断源可以用软件独立地控制为开中断或关中断状态，每一个中断的优先级别均可用软件设置。高优先级的中断请求可以打断低优先级的中断，反之，低优先级的中断请求不可以打断高优先级及同优先级的中断。当两个相同优先级的中断同时产生时，将由查询次序来决定系统先响应哪个中断。STC12C5A60S2 系列单片机的各个中断查询次序见表 5.7。

表 5.7　中断查询次序

中断源	中断向量 入口地址	相同优先级内的 查询次序	中断请求 标志	中断允许 控制位
$\overline{\text{INT0}}$	0003H	0	IE0	EX0/EA
Timer0	000BH	1	TF0	ET0/EA
$\overline{\text{INT0}}$	0013H	2	IE1	EX1/EA

中断源	中断向量 入口地址	相同优先级内的 查询次序	中断请求 标志	中断允许 控制位
Timer1	001BH	3	TF1	ET1/EA
UART1	0023H	4	RI+TI	
ADC	002BH	5	ADC_FLAG	EADC/EA
LVD	0033H	6	LVDF	ELVD/EA
PCA	003BH	7	CF+CCF0+CCF1	(ECF+ECCF0+ECCF1)/EA
UART2	0043H	8	S2T1+S2RI	ES2/EA
SPI	004BH	9	SPIF	ESPI/EA

　　传统 8051 单片机具有两个中断优先级,即高优先级和低优先级,可以实现两级中断嵌套。STC12C5A60S2 系列单片机通过设置新增加的特殊功能寄存器(IPH 和 IP2H)中的相应位,可将中断优先级设置为 4 个中断优先级;如果只设置 IP 和 IP2,那么中断优先级只有两级,与传统 8051 单片机两级中断优先级完全兼容。

　　具体的使用方法可以详见 STC12C5A60S2 的数据手册,这里就不再一一展开。

项目六　串行通信

通信是一种信息交换或者说是数据交换。单片机工作过程中，CPU 与设备之间、设备与设备之间需要不断交换各种信息。51 系列单片机内部集成了 4 个并行 I/O 接口和 1 个可编程全双工串行通信接口。所以，单片机不仅具有并行 I/O 控制功能，也可以实现串行 I/O 通信。

6.1　任务一　串行通信基础

6.1.1　串行通信基本概念

1．通信方式

通信是计算机与通信技术的结合。在微型计算机中，通信（数据交换）有两种方式：并行通信和串行通信。

并行通信是指计算机与 I/O 设备之间通过多条传输线交换数据，数据的各位同时进行传送，如图 6.1 所示。

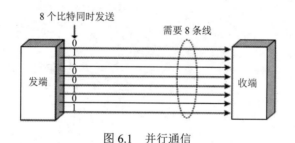

图 6.1　并行通信

串行通信是指计算机与 I/O 设备之间仅通过一条传输线交换数据，数据的各位是按顺序依次一位接一位进行传送，如图 6.2 所示。

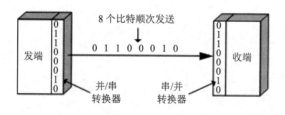

图 6.2　串行通信

应该理解所谓的并行和串行，仅是指 I/O 接口与 I/O 设备之间数据交换（通信）是并行或串行。无论怎样 CPU 与 I/O 接口之间数据交换总是并行。

二者相比而言，串行通信的数据传输速率相对较低，但通信距离长，可以从几米到几公里，其硬件成本低，传输线少，因此串行通信适用于长距离而速度要求不高的场合。电脑上的

9 针座（也称串口）就是串行通信。

并行通信的传输速率高，但传输距离短，一般不超过 30 米，而且成本高（要采用多条数据线）。电脑输出数据到打印机采用的就是并行通信。

2．串行通信的制式

根据数据传输的传送方向，串行通信可分为单工、半双工、全双工方式等。

单工方式：在通信过程的任意时刻，信息只能由一方 A 传到另一方 B，例如广播。

半双工方式：在通信的任意时刻，信息既可由 A 传到 B，又能由 B 传 A，但只能有一个方向上的传输存在，实际在应用时可采用某种协议实现收/发开关转换。例如对讲机，在同一时刻只有一方可以使用线路说话。

全双工方式：在通信的任意时刻，线路上存在 A 到 B 和 B 到 A 的双向信号传输，但一般全双工传输方式的线路和设备较复杂。例如电话机，电话双方可以同时说话。

在实际应用中，尽管多数串行通信接口具有全双工功能，但一般情况下，只工作与半双工制式下，这种用法简单实用。

3．串行通信的类型

串行通信可以分为同步通信（Synchronous Communication）和异步通信（Asynchronous Communication）两类。在单片机中，主要使用异步通信方式。

异步通信方式中，接收器和发送器有各自的时钟。不发送数据时，数据线上总是呈现高电平，称其为空闲状态。异步通信用 1 帧来表示 1 个字符，其字符帧的数据格式为：1 个起始位 0（低电平），5～8 个数据位（规定低位在前，高位在后），1 个奇偶校验位（可以省略），1～2 个的停止位 1（高电平），MCS-51 单片机异步通信数据通信格式如图 6.3 所示。

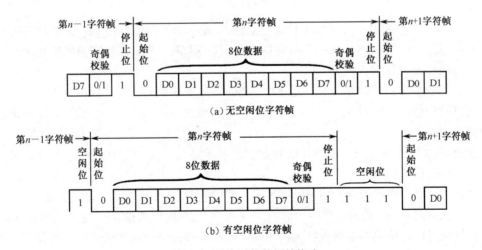

图 6.3　异步通信数据帧格式

异步串行通信每次发送由起始位、数据位、检验位、停止位 4 个部分构成的 1 个字符帧。

（1）起始位：位于字符帧开头，只占一位，低电平，用于向接收设备表示发送端开始发送 1 帧信息。

（2）数据位：紧跟起始位之后的数据信息，低位在前，高位在后，用户可以自己定义数据位的长度。

（3）校验位：位于数据位之后，仅占 1 位，用来表征串行通信中采用奇校验还是偶校验，由用户编程决定。

（4）停止位：用来表征字符帧结束的位，高电平，通常可取 1 位，1.5 位或 2 位。

（5）空闲位：数据线上没有数据传输时数据线的状态，高电平，其长度没有限制。

异步通信的优点是，不需要传送同步脉冲，可靠性高，所需设备简单；缺点是字符帧中因含有起始位、校验位和停止位而降低了有效数据位的传输速率。

同步通信是一种连续串行传送数据的通信方式，一次通信只传送 1 帧信息。这里的信息帧和异步通信中的字符帧不同，通常含有若干个数据字符，如图 6.4 所示。它们均由同步字符、数据字符和校验字符 CRC（Cyclic Redundancy Check，循环冗余校验）三部分组成。其中，同步字符位于帧结构开头，用于确认数据字符的开始。接收时，接收端不断对传输线采样，并把采样到的字符与双方约定的同步字符进行比较，只有比较成功后才把后面接收到的字符加以存储。数据字符在同步字符之后，个数不受限制，由所需传输的数据块长度决定。校验字符有 1~2 个，位于帧结构末尾，用于接收端对接收的数据字符的正确性校验。

（a）单同步字符帧结构

（b）双同步字符帧结构

图 6.4　同步传送的数据格式

在同步通信中，同步字符可以采用统一标准格式，也可由用户约定。在单同步字符帧结构中，同步字符一般采用 ASCII 码中规定的 SYN 代码 16H。在双同步字符帧结构中，同步字符一般采用国际通用标准代码 EB90H。

同步通信的数据传输速率较高，通常可达 56Mbps 或更高。同步通信的缺点是，要求发送时钟和接收时钟保持严格同步，因此，发送时钟除应和发送波特率保持一致外，还要求把它同时传送到接收端去。

51 系列单片机的串行口不能实现同步通信。

4．串行通信的速率

单片机中，串行通信的速率用波特率表示，单位为 Bd，波特率用于表征数据传输的速度，是串行通信的重要指标，通常，异步通信的波特率为 1200 的整数倍，如 1200、2400、9600Bd。

每秒钟通过信道传输的信息量称为位传输速率，也就是每秒钟传送的二进制位数，简称比特率。比特率表示有效数据的传输速率，用 b/s、bps、bit/s、比特/秒为单位，读作：比特每秒。

波特率与比特率的关系：比特率=波特率×单个调制状态对应的二进制位数。

如每秒钟传送 240 个字符，而每个字符格式包含 10 位（1 个起始位、1 个停止位、8 个数据位），这时的波特率为 240Bd，比特率为 10 位×240 个/秒=2400bps。又比如每秒钟传送 240 个二进制位，这时的波特率为 240Bd，比特率也是 240bps。

本教材所描述的串行通信，其传送的信号均为二进制数形式，所以比特率与波特率相等，统一使用波特率描述串行通信的速度，单位采用 bps。

5．串行通信的协议

为了保证串行通信的可靠接收，通信双方在字符帧格式、波特率、电平格式、校验方式等方面应采用统一的标准。这个标准就是收发双方需要共同遵守的通信协议。

最被人们熟悉的串行通信技术标准是 EIA-232、EIA-422 和 EIA-485，也就是以前所说的 RS-232、RS-422 和RS-485。由于 EIA（Electronic Industries Association，电子工业协会）提出的建议标准都是以 RS 作为前缀，所以在工业通信领域，仍然习惯将上述标准以 RS 作前缀称谓。

 拓展小知识

USB（Universal Serial Bus，通用串行总线）是一种应用在计算机领域的新型接口技术。USB 接口具有传输速度更快，支持热插拔以及连接多个设备的特点。目前已经在各类外部设备中广泛地被采用。USB 接口有三种：USB1.1，USB2.0 和 USB3.0。理论上 USB1.1 的传输速度可以达到 12Mbps，USB2.0 则可以达到速度 480Mbps(60MB/s)，并且可以向下兼容 USB1.1，而 USB3.0 的最大传输带宽高达 5.0Gbps（640MB/s）。

不过，大家要注意这是理论传输值，如果几台设备共用一个 USB 通道，主控制芯片会对每台设备可支配的带宽进行分配、控制。如在 USB1.1 中，所有设备只能共享 1.5MB/s 的带宽。如果单一的设备占用 USB 接口所有带宽的话，就会给其他设备的使用带来困难。

6.1.2 串行接口的结构

51 系列单片机内部集成了一个可编程全双工通用异步收发串行接口（UART）（Universal Asychronous Receiver/Transmitter），发送数据引脚为 TXD（P3.1）、接收引脚为 RXD（P3.0），可同时发送、接收数据（Transmit/Receive），也可作为同步移位寄存器使用。这个串行接口由 4 种工作方式，帧格式有 8 位、10 位、11 位，并能设置各种波特率。串行接口的内部结构如图 6.5 所示。

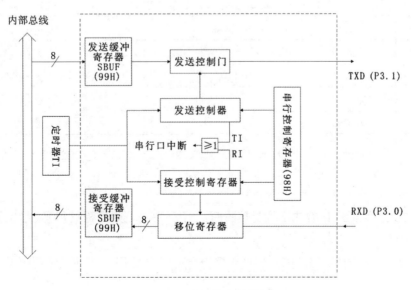

图 6.5　串行接口的结构

它有 2 个独立的接收、发送缓冲器（SBUF）特殊功能寄存器，可同时发送、接收数据。发送缓冲器只能写入、不能读出，接收缓冲器只能读出不能写入，两者只能共用 1 个 1 字节地址（99H），串行接口的控制寄存器有 2 个，分别是 SCON 和 PCON。

1. 数据缓冲寄存器 SBUF

SBUF 是两个在物理上独立的接收、发送寄存器，一个用于存放接收到的数据，另一个用于存放待发送的数据，可同时发送和接收数据。两个缓冲器共用一个地址 99H，通过 SBUF 的读、写语句来区别是对接收缓冲器还是对发送缓冲器进行操作。CPU 在写 SBUF 时，操作的是发送缓冲器；读 SBUF 时，就是读接收缓冲器的内容。

发送控制器在波特率作用下，将发送 SBUF 中的数据由并到串，逐位地传输到发送端口；接收控制器在波特率作用下，将接收端口的数据由串到并存入接收 SBUF 中。

如若定义一个 unsigned char 型变量 temp，CPU 执行 SBUF=temp 指令，产生"写 SBUF"脉冲，把欲发送的字符 temp 送入 SBUF 寄存器中；CPU 执行 temp=SBUF 指令，产生"读 SBUF"脉冲，把 SBUF（接收）寄存器中已接收到的字符送入 temp。

2. 串行接口控制寄存器 SCON

该特殊功能寄存器 SCON，可以位寻址，字节地址为 98H。单片机复位时，所有位全为 0，串行口控制寄存器 SCON 的结构见表 6.1。

表 6.1　串行口控制寄存器 SCON 的结构

位	7	6	5	4	3	2	1	0
符号	SM0	SM1	SM2	REN	TB8	RB8	TI	RI
复位值	0	0	0	0	0	0	0	0

对各个位的说明如下：

SM0、SM1：串行方式选择位，其定义见表 6.2。

表 6.2　串行口工作方式

SM0	SM1	工作方式	功能	波特率
0	0	方式 0	8 位同步移位寄存器	$f_{OSC}/12$
0	1	方式 1	10 位 UART	可变，由定时器控制
1	0	方式 2	11 位 UART	$f_{OSC}/64$ 或 $f_{OSC}/32$
1	1	方式 3	11 位 UART	可变，由定时器控制

SM2：多机通信控制位，用于方式 2 和方式 3 中。在方式 2 和方式 3 处于接收方式时，若 SM2=1，且接收到的第 9 位数据 RB8 为 0 时，不激活 RI；若 SM2=1，且 RB8=1 时，则置 RI=1。在方式 2、3 处于接收或发送方式时，若 SM2=0，不论接收到的第 9 位 RB8 为 0 还是为 1，TI、RI 都以正常方式被激活。在方式 1 处于接收时，若 SM2=1，则只有收到有效的停止位后，RI 置 1。在方式 0 中，SM2 应为 0。

REN：允许串行接收位。它由软件置位或清零。REN=1 时，允许接收；REN=0 时，禁止接收。

TB8：发送数据的第 9 位。在方式 2 和方式 3 中，由软件置位或复位，可做奇偶校验位。

在多机通信中，可作为区别地址帧或数据帧的标识位，一般约定地址帧时，TB8 为 1，数据帧时，TB8 为 0。

RB8：接收数据的第 9 位。功能同 TB8。

TI：发送中断标志位。用于指示一帧信息发送是否完成，可寻址标志位。工作方式 0 下，发送完 8 位数据后，由硬件置位。其他工作方式下，在开始发送停止位时由硬件置位。TI 置位表示一帧信息发送结束，同时申请中断。可根据需要，用软件查询的方法获得数据已发送完毕的信息，或用中断的方式来发送下一个数据。TI 在发送数据前必须由软件清零。

RI：接收中断标志位。用于指示一帧信息是否接收完，可寻址标志位。工作方式 0 下，接收完 8 位数据后，该位由硬件置位。其他工作方式下，在接收到停止位的中间时刻由硬件置位。RI 置位表示一帧数据接收完毕，RI 可供软件查询，或者用中断的方法获知，以决定 CPU 是否需要从 SBUF（接收）中读取接收到的数据。RI 也必须用软件清零。

3．电源及波特率选择寄存器 PCON

PCON 主要是为 CHMOS 型单片机的电源控制而设置的专用寄存器，不可以位寻址，字节地址为 87H。其格式见表 6.3。SMOD 为波特率选择位。

表 6.3　电源及波特率选择寄存器 PCON

PCON	SMOD	—	—	—	GF1	GF0	PD	IDL
位地址	8EH	8DH	8CH	8BH	8AH	89H	88H	87H

SMOD：串行通信只用该位，为 1 时，波特率×2；为 0 时不变。

在串行通信中仅有 SMOD 位起作用，下面简单介绍一下其他位的意义。

GF1、GF0：两个通用工作标志位，用户可以自由使用。

PD：掉电模式设定位。

PD=0 单片机处于正常工作状态。

PD=1 单片机进入掉电（Power Down）模式，可由外部中断或硬件复位模式唤醒，进入掉电模式后，外部晶振停振，CPU、定时器、串行口全部停止工作，只有外部中断工作。在该模式下，只有硬件复位和上电能够唤醒单片机。

IDL：空闲模式设定位。

IDL=0 单片机处于正常工作状态。

IDL=1 单片机进入空闲（Idle）模式，除 CPU 不工作外，其余仍继续工作，在空闲模式下可由任一个中断或硬件复位唤醒。

6.1.3　串行接口的工作方式

51 系列单片机的串行接口有 4 种工作方式，通过 SCON 中的 SM1 和 SM0 位来决定。

1．方式 0

在方式 0 下串行接口作同步移位寄存器使用，其波特率固定为 $f_{osc}/12$，串口数据从 RXD（P50）端输入或输出，同位移位脉冲由 TXD（P3.1）送出。这种方式通常用于扩展 I/O 口。

当方式 0 用来扩展 I/O 口输出功能时，数据写入发送缓冲器 SBUF，串行口将 8 位数据以 $f_{osc}/12$ 的波特率从 RXD 引脚输出（低位在前），发送完后置中断标志 TI 为 1，请求中断，在再次发送数据之前，必须由软件将 T1 清零。方式 0 用来扩展 I/O 口输出功能的实例如图 6.6 所示。

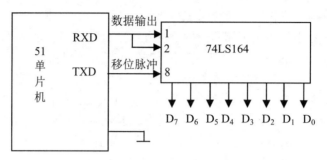

图 6.6　扩展 I/O 口输出的实例

当方式 0 用来扩展 I/O 口输入功能时，在满足 REN=1 和 RI=0 的条件下，串行口即开始从 RXD 端以 $f_{OSC}/12$ 的波特率输入数据（低位在前）。当接收完 8 位数据后，置中断标志 R1 为 1，请求中断，在再次接收数据之前，必须由软件将 RI 清零。方式 0 用来扩展 I/O 口输入功能的实例如图 6.7 所示。

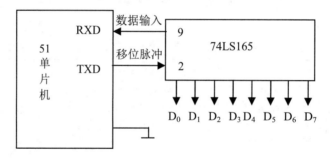

图 6.7　扩展 I/O 口输入的实例

2.　方式 1

方式 1 下，数据帧包括 1 位起始位、8 位数据位和 1 位停止位。其 10 位帧格式如图 6.3（b）所示，波持率由定时器 T1 和 SMOD 位确定。

n=0 时，数据写入发送缓冲器 SBUF 即启动发送。发送完一帧数据后硬件将中断标志位 T1 置 1，通知 CPU 发送完成，再发送下一个字符之前，一定要将 T1 软件清零。

在授权允许标志位 REN=1 时，串行口采样 RXD，当采样由 1 到 0 跳变时，确认是起始位为 0，开始接收 1 帧数据。当 RI=0，且停止位为 0 或 SM2=0 时，停止位进入 RB8 位，同时硬件位置中断标志 R1，否则，信息将丢失。所以，采用方式 1 接收时，应先用软件将 RI 或 SM2 标志清零。

方式 1 的波特率是可变的，由定时器 T1 的计数溢出率决定。相应的公式为：

$$波特率 = \frac{2^{SMOD}}{32} \times 定时器 T1 的溢出率 \tag{6.1}$$

定时器 T1 的计数溢出率计算公式为：

$$定时器 T1 的溢出率 = \frac{f_{osc}}{12} \times \frac{1}{2^{K} - T1_{初值}} \tag{6.2}$$

式中，K 为定时器 T1 的位数，与定时器 T1 的工作方式有关，则波特率计算公式为：

$$波特率 = \frac{2^{SMOD}}{32} \cdot \frac{f_{OSC}}{12} \cdot \frac{1}{2^K - T1_{初值}} \qquad (6.3)$$

实际上，当定时器 T1 做波特率发生器使用时，通常是工作在模式 2，即自动重装载的 8 位定时器，此时 TL1 作计数用，自动重装载的值在 TH1 内。设计数的预置值（初始值）为 X，那么每过 256–X 个机器周期，定时器溢出一次。为了避免因溢出而产生不必要的中断，此时应禁止 T1 中断。溢出周期为：

$$溢出周期 = \frac{12}{f_{OSC}}(256 - X) \qquad (6.4)$$

溢出率为溢出周期的倒数，所以：

$$波特率 = \frac{2^{SMOD}}{32} \times \frac{f_{OSC}}{12(256 - X)} \qquad (6.5)$$

3. 方式 2

数据帧包括 1 位起始位、8 位数据位、1 位可编程位（用于奇偶校验）、1 位停止位。

与方式 1 相比，方式 2 多了一位可编程位，可用软件清 0 或置 1，用来实现奇偶校验，或作为多机通信数据、地址信息标志。发送时，可编程位可根据需要设为 0 或 1，并装入 SCON 的 TB8 位，将要发送的数据写入 SBUF，启动发送。在发送完数据位后，紧接着发送 TB8；接收时，当接收器接当收到一帧信息后，如果收到的信息满足 R1=0 和 SM2=0，或接收到的第 9 位数据为 1，则将 8 位数据送入 SBUF，第 9 位可编程位送入 SCON 的 RB8 位，并置 RI=1，如果不满足上述两个条件，则信息丢失。

波特率与 SCON 有关，波特率 $= \dfrac{2^{SMOD}}{64} f_{OSC}$。

4. 方式 3

方式 3 的波特率由定时器 T1 的计数溢出率决定，确定方法与方式 1 中的完全一样。方式 3 为波特率可变的 11 位帧格式。除了波特率以外，方式 3 和方式 2 完全相同。

常用波特率及设置初值、误差见表 6.4。

表 6.4　常用波特率及误差

晶振频率 MHz	波特率 b/s	SMOD	TH1 包装初值	实际波特率	误差
12.00	9600	1	F9H	8923	7%
12.00	4800	0	F9H	4460	7%
12.00	2400	0	F3H	2404	0.16%
12.00	1200	0	E6H	1202	0.16%
11.0592	19200	1	FDH	19200	0
11.0592	9600	0	FDH	9600	0
11.0592	4800	0	EAH	4800	0
11.0592	2400	0	F4H	2400	0
11.0592	1200	0	E8H	1200	0

由表 6.4 可以看出，当晶振频率为 12MHz 时，实际波特率与标准波特率之间存在一定误差，用串行口进行数据收、发时数据有时会出错。当晶振频率为 11.0592MHz 时，容易获得标准的波特率，并且没有误差，所以很多单片机系统都选用这个看起来"怪"的晶振频率。

6.2 任务二 串行通信总线标准及其接口

6.2.1 RS-232 总线标准及接口

RS-232C 总线是目前最广泛使用的串行通信接口（RS-232C 中的"C"表示 RS-232 的版本）。它是 1970 年由美国电子工业协会（EIA）联合贝尔系统、调制解调器厂家及计算机终端生产厂家共同制定的用于串行通信的标准。它的全名是"数据终端设备（DTE）和数据通信设备（DCE）之间串行二进制数据交换接口技术标准"，该标准规定采用 25 个脚的 DB-25 连接器，对连接器的每个引脚的信号内容加以规定，还对各种信号的电平加以规定。RS-232C 标准总线为 25 根，可采用标准的 DB-25 和 DB-9 的 D 型插头，图 6.8 所示为 DB-9 连接器引脚分布。目前计算机上保留的 DB-9 插头，一般作为多功能 I/O 卡或主板上 COM1 和 COM2 两个串行接口的连接器。

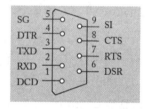

（a）DB-9 母头　　　　　　（b）DB-9 公头　　　　　（c）DB-9 引脚定义

图 6.8　RS-232C DB-9 引脚

1. 接口的信号内容

实际上 RS-232C 的 25 条引线中有许多是很少使用的，在计算机和终端通信时一般只使用 9 条线。RS-232C 最常用的 9 个引脚的信号内容见表 6.5。

表 6.5　RS-232C 最常用的 9 个引脚信号

引脚	名称	功能	引脚	名称	功能
1	DCD	载波检测	6	DSR	数据准备完成
2	RXD	发送数据	7	RTS	发送请求
3	TXD	接收数据	8	CTS	发送清除
4	DTR	数据终端准备完成	9	RI	振铃提示
5	SG（GND）	信号地线	—	—	—

2. 接口的电气特性

在 RS-232C 中，任何一条信号线的电压均为负逻辑关系，即逻辑 1：–5V～–15V，逻辑 0：+5～+15V。噪声容限为 2V，即要求接收器能识别低至 +3V 的信号作为逻辑 0，高到 –3V 的信号作为逻辑 1。因此，RS-232C 不能和 TTL 电平直接相连，否则将使 TTL 电路烧坏。RS-232C 和 TTL 电平之间必须进行电平转换，常用的电平转换集成电路为 MAX232，其典型应用如图 6.9 所示。

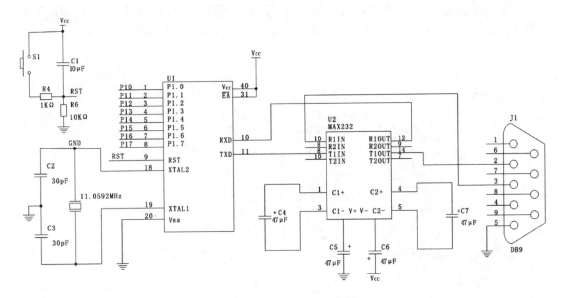

图 6.9　MAX232 典型应用电路

 拓展小知识

RS-485 总线采用差分信号负逻辑，+2～+6V 表示 0，-6～-2V 表示 1。RS485 有两线制和四线制两种接线方式，四线制只能实现点对点的通信方式，现很少采用，现在多采用的是两线制接线方式，这种接线方式使总线式拓扑结构在同一总线上最多可以挂接 32 个结点。该总线最大传输速率为 10Mb/s，其接口采用平衡驱动器和差分接收器的组合，抗共模干扰能力增强，即抗噪声干扰性好，最大传输距离标准值为 4000ft（约 1200m）。

6.2.2　PL2303 USB-RS232 转换接口

随着 USB 的广泛使用，目前在便携式移动设备及周边产品领域面临两大问题，一是许多传统设备均是采用 RS232 串行通信接口，与即插即用的 USB 接口不相适合的问题；二是由于许多设备内部均采用 8 位或 16 位单片机控制，而多数此类单片机不具有 USB 接口功能，要想这些设备具有 USB 功能，必须采用专门的 USB 接口芯片，同时 MCU 与 USB 接口芯片还需复杂的传输协议，使从事设备产品开发的人员开发效率降低的问题。

2003 年，Prolific 公司推出了一种高度集成的 USB-RS232 接口转换芯片 PL2303，弥补了业界此类转换芯片的空白，该芯片可提供一个 RS232 全双工异步串行通信装置与 USB 功能接口便利连接的解决方案。利用 USB 大容量传输模式、大型数据缓冲器和自动流量控制的优势，PL2303 有能力达到比传统通用异步收发端口更高的吞吐量。当不要求是标准 RS232 信号时，波特率可高于 115200b/s，用于更高性能的应用，灵活的 PL2303 波特率发生器能被编程产生从 75b/s～6Mb/s 之间的任何所需要的波特率。

PL2303 具有多个历史版本，如 PL2303HX、PL2303HXA、PL2303HXC、PL2303HXD（D 版本）、PL2303SA 等，应用电路有一定差异。D 版本不需要外接晶振，并且加入了对安卓系统的支持。STC2.0 开发板上使用的 PL2303HX。

PL2303 芯片同样适用 USB 电源管理和远程唤醒功能，使其在挂起时达到功耗最低，SOIC-28 这种封装集成了所有的功能，这样此芯片适用潜入。适用者只要将芯片挂在电脑或 USB 端口即可以连接 RS-232 设备，如图 6.10 所示。

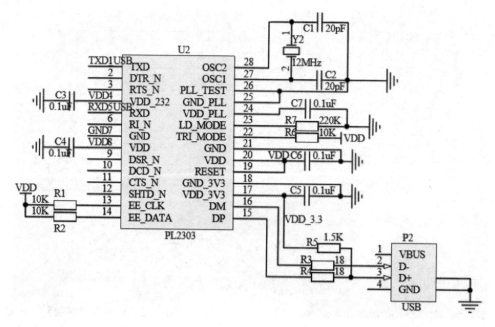

图 6.10　STC2.0 开发板上的 PL2303 应用电路

STC2.0 开发板上既有 RS-232 总线接口，也有 PL2303 的 USB-RS232 转换接口，在使用该板的串口时应注意以下两条：

（1）使用 PL2303 模块进行通信，即通过 USB 口下载或传输数据时，请使用跳线帽将 J2 的 1、3 脚短接，2、4 脚短接。

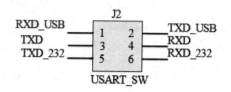

图 6.11　STC2.0 开发板上的串口功能选择模块

（2）使用 RS-232 总线通信，即通过 DB-9 的串口进行数据传输时，请使用跳线帽将 J2 的 3、5 脚短接，4、6 脚短接。

6.3　任务三　串行通信的应用

6.3.1　串行口初始化

串行口的初始化主要是对相关寄存器的初始化，主要包括 SCON、PCON 的设置以及波特率的设置（一般由定时器 T1 产生），与波特率设置相关的寄存器为 TMOD、TH1、TL1 以及 TCON。初始化的步骤一般如下：

（1）设置串行口的工作方式，是否允许串行口接收数据，即设置 SCON 的 SM0、SM1 和 REN 位。

（2）设置波特率是否倍增；即设置 PCON 的 SMOD 位，PCON 初始为 0x00，如果倍增即可设置 PCON 为 0x80。

（3）设置波特率；即设置定时器 T1 工作在方式 2，自动重新装入计数初值的 8 位定时器/计数器，TMOD=0x20；通信的波特率通过设置 TH1、TL1 的初值即可确定。

（4）启动定时器 T1；因为 T1 作为专用波特率溢出发生器，启动 T1 即可提供波特率。

【例 6.1】晶振频率为 11.0592MHz，请对串口进行初始化，工作在方式 1，允许接收数据，设置通信波特率为 9600b/s。

程序代码段如下：

```
SCON = 0x50;
PCON = 0x00;
TMOD = 0x20;
TH1 = 0xFD;
TL1 = 0xFD;
TR1 = 1;
```

还可以通过设置 SMOD 位倍增来实现，具体代码如下：

```
SCON = 0x50;
PCON = 0x80;
TMOD = 0x20;
TH1 = 0xEA;
TL1 = 0xEA;
TR1 = 1;
```

在使用串口和计算机进行通信时，要借助于辅助软件进行串口调试，STC-ISP 就有该串口助手，在界面右边的第二个选项卡，如图 6.12 所示。串口助手有三个区域：接收缓冲区（用于显示串口接收到的字符）、发送缓冲区（用于输入待发送的字符）、多字符串发送区（用于多个字符串循环发送）。计算机接收到单片机串口发送的字符时，会显示在接收缓冲区；如果要让计算机向单片机发送字符，可使用发送缓冲区或多字符串发送区进行操作。

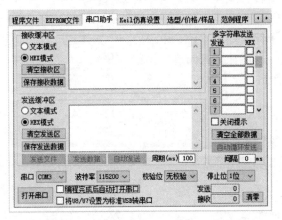

图 6.12　STC-ISP 软件串口助手界面

使用串口助手时需要在 STC-ISP 软件中进行一些预设置，COM 口与程序下载的 COM 端口相同，初始化时波特率为9600b/s，串口工作在方式1，10位异步接收/发送，这10位包括1个起始位、8个数据位、1个停止位，因此校验位为None，无校验。设置完以后，打开串口，可以进行串行数据的发送与接收，如图6.13至图6.15所示。

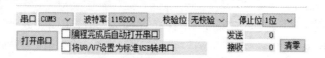

图6.13　串口设置及打开串口界面

图6.14　数据接收界面

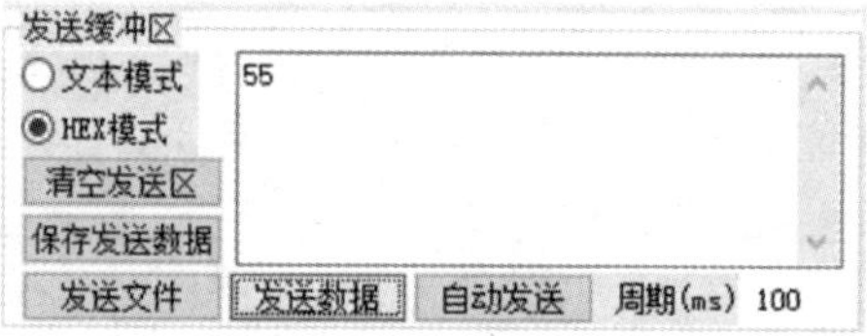

图6.15　数据发送界面

6.3.2　单片机与PC通信

1. 串行数据发送

只用将SBUF写入要发送的数据即可，每一个字符帧发送完毕后TI标志位将置位。

【例6.2】向计算机发送一个字符串"Hello World!"，利用串口调试助手在PC机的调试终端上显示程序中所发送的字符（通信双方波特率均设置为1200b/s）。

分析：首先对串口进行初始化设置，然后通过发送完每个字符帧后TI标志位的情况判定数据是否发送完毕，注意串口调试助手上通信协议必须与单片机设置一致。其次控制该字符串的发送次数，可使用一个计数变量sendCnt来控制，如发送1次，可将此变量置1，如果不使用该变量，将循环发送。最后如何判断字符发送完毕，可使用C语言中字符串的知识点，判定结束位是否为"\0"即可。

参考程序如下：

```c
#include "reg52.h"
#define uchar unsigned char
#define uint unsigned int
uchar sendChar[]={"Hello World!"};              //要传输的数据字符串

void main(){
    uchar sendCnt = 1;                          //发送次数控制
    uchar i;
    SCON = 0x40;                                //设置串口工作方式
```

```
        PCON = 0x00;                              //SMOD = 0
        TMOD = 0x20;                              //设置 T1 工作方式 2
        TH1 = 0xE6;                               //设置 T1 初值即设置波特率
        TH1 = 0xE6;
        TR1 = 1;
        while(1){
            while(sendCnt){
                for(i=0;sendChar[i]!='\0';i++){
                    SBUF = sendChar[i];           //逐一发送字符串的字符
                    while(TI == 0);               //等待发送完毕
                    TI = 0;
                }
                sendCnt--;
            }
        }
    }
```

该程序下载后，可直接使用 USB 串口线进行数据通信，也可将计算机的 COM 口与单片机的 DB-9 串口通过串口线相连，选择串口线时请注意该板仅支持 2、3 交叉串口 232 连接线，不支持 23 直连串口 232 连接线。用跳线帽将 J2 的 3、5 脚短接，4、6 脚短接，重新复位后观察串口调试工具接收缓冲区的数据情况是否跟预设一致。另外，由于该程序没有其他的实现功能，因此使用 TI 标志位查询方式进行，而在实际使用时尽量使用串行中断实现。

任务实施：请将以上要求使用中断程序进行实现。实现后将波特率设置为 9600b/s，观察有何问题出现。

中断服务子程序：

波特率设置为 9600b/s 后的现象为：

分析原因：

2. 串行数据接收

当接收到数据时，RI 标志位置位，读取 SBUF 内的数据即为接收到的数据信息。

【例 6.3】计算机向单片机发送一个十六进制数据，并送 8 位 LED 显示，利用串口调试助手在 PC 机的调试终端上发送数据内容（通信双方波特率均设置为 1200b/s）。

分析：对于串行数据的接收，PC 机是主动方，单片机是被动接收方，什么时候发送数据由 PC 机决定。但是 PC 机发送数据后，单片机应该能立即接收数据，因此可以采用串行口中断来接收数据，当 PC 机发送数据时，单片机的串行口接收完数据后使得接收中断标志位 RI 置 1，产生串行口中断。

参考程序如下：

```
#include "reg52.h"
#define uchar unsigned char
#define uint unsigned int

void main(){
    SCON = 0x50;              //设置串口工作方式，REN=1
    PCON = 0x00;              //SMOD = 0
    TMOD = 0x20;              //设置 T1 工作方式 2
    TH1 = 0xE6;              //设置波特率 1200b/s
    TH1 = 0xE6;
    EA = 1;                  //开总中断
    ES = 1;                  //开串口中断
    TR1 = 1;
    while(1);
}

void uart() interrupt 4{      //串口中断服务子程序
    P2 = SBUF;
    RI = 0;
}
```

将上述程序编译一下，并下载到单片机中，用串口助手发送一个十六进制数据"55"，如图 6-15 所示，观察 LED 亮灯的状态是否与串口助手发送的数据相同。另外，将串口中断服务程序中的"RI = 0;"语句删掉，重新编译下载并观察运行结果，分析产生这种结果的原因。

任务实施：计算机向单片机发送一个 100 之内的数值，送 4 位数码管显示，利用串口调试助手在 PC 机的调试终端上发送数据内容（通信双方波特率均设置为 2400b/s）。

程序代码：

6.3.3　单片机双机通信

单片机之间的串行通信可分为双机通信和多机通信，与单片机和计算机通信一样，可分为查询方式串行通信和中断方式串行通信，在实际应用中，发送方一般采用查询方式发送数据，接收方往往采用中断方式接收数据以提高 CPU 的工作效率。

双机通信设计的过程一般如下：

（1）通信双方的硬件连接，单片机 A 的输出 TXD 与单片机 B 的输入 RXD 相连，单片机 A 的输入 RXD 与单片机 B 的输出相连。

（2）建立通信双方的软件通信协议（由双方约定协议）。

（3）单片机 A 的通信初始化设置和单片机 B 的通信初始化设置。

（4）单片机 A、单片机 B 的功能实现，分别对 A、B 编程下载实现。

【例 6.4】使用 2、3 交叉串口 232 连接线或 USB 线连接两块 STC2.0 单片机开发板，实现单片机 A 按键按下矩阵按键的任意一键，单片机 B 的数码管上显示 A 板上按键的键值编号（F~0），显示后 B 向 A 反馈键值编号的十进制数信息（15−0）并显示在 A 上。

分析：首先对单片机 A 进行分析，A 完成通信初始化设置后，设置通信波特率为 1200b/s，实施矩阵按键扫描程序，可参见例 3.3 程序，将按下按键的键值通过 SBUF 发送，当 TI 置 1 发送完毕后等待数据接收，当 RI 置 1 表示接收到 B 向 A 反馈的十进制键值编号信息，送数码管显示即可。

然后对单片机 B 进行分析，B 完成通信初始化设置后，设置通信波特率为 1200b/s，等待 A 向 B 的键值信息发送，即等待 RI 置 1 后读取 SBUF 将值送数码管显示，然后发送键值的十进制数信息通过 SBUF 发送。

参考程序如下：

单片机 A 的程序：

```
#include "reg52.h"
#define uchar unsigned char
#define uint unsigned int
sbit H1 = P1^0;
sbit H2 = P1^1;

unsigned char code LEDChar[] = {0xC0, 0xF9, 0xA4, 0xB0, 0x99, 0x92, 0x82, 0xF8,
0x80, 0x90};
unsigned char code keyCode[] = {0xEE, 0xED, 0xEB, 0xE7, 0xDE, 0xDD, 0xDB, 0xD7,
0xBE, 0xBD, 0xBB, 0xB7, 0x7E, 0x7D, 0x7B, 0x77};

void delayMs(uint);
void keyScan();
void display();

uchar key = 16;
uchar temp = 0;
uchar keyboard;
void main(){
```

```
                    SCON = 0x50;
                    PCON = 0x00;
                    TMOD = 0x20;
                TH1 = 0xE6;
                TH0 = 0xE6;
                  EA = 1;
                  ES = 1;
                TR1 = 1;
                while(1){
                        keyScan();
                        SBUF = keyboard;
                        display();
                    }
        }

        void uartInt()interrupt 4{
            if(TI == 1){
                TI = 0;
            }
            if(RI == 1){
                temp = SBUF;
                RI = 0;
            }

        }

        void keyScan(){
            uchar scan1,scan2;
            P2 = 0x0F;
            scan1 = P2;
            if((scan1&0x0F) != 0x0F){
                display();
                scan1 = P2;
                if((scan1&0x0F) != 0x0F){
                    P2 = 0xF0;
                    scan2 = P2;
                    keyboard = scan1 | scan2;
                    while((P2&0xF0) != 0xF0);
                }
            }
        }

        void display(){
            H1 = 0;
            P0 = LEDChar[temp%10];
            delayMs(5);
```

```
            H1 = 1;
            H2 = 0;
            P0 = LEDChar[temp/10];
            delayMs(5);
            H2 = 1;
        }

    void delayMs(uint cnt){
        uchar i;
        while(cnt--){
            for(i=0;i<=120;i++);
        }
    }
```

单片机 B 的程序：

```
    #include "reg52.h"
    #define uchar unsigned char
    #define uint unsigned int
    sbit H1 = P1^0;
    sbit H2 = P1^1;

    unsigned char code LEDChar[] = {0xC0, 0xF9, 0xA4, 0xB0, 0x99, 0x92, 0x82, 0xF8,
    0x80, 0x90};
    unsigned char code keyCode[] = {0xEE, 0xED, 0xEB, 0xE7, 0xDE, 0xDD, 0xDB, 0xD7,
    0xBE, 0xBD, 0xBB, 0xB7, 0x7E, 0x7D, 0x7B, 0x77};

    uchar key = 16;
    uchar temp = 0;
    uchar keyboard;
    void main(){
        SCON = 0x50;
        PCON = 0x00;
        TMOD = 0x20;
        TH1 = 0xE6;
        TH0 = 0xE6;
        EA = 1;
        ES = 1;
        TR1 = 1;
        H1 = 0;
        while(1){
            P0 = LEDChar[key];
        }
    }

    void uartInt()interrupt 4{
        uchar i;
        if(TI == 1){
            TI = 0;
```

```
        }
        if(RI == 1){
            temp = SBUF;
            for(i=0;i<=15;i++){
                if(temp == keyCode[i]){
                    key = i;
                }
            }
            RI = 0;
            SBUF = temp;
        }

    }
```

任务实施：自拟单片机 A、B 板的通信协议和约定，并在 STC2.0 开发板上进行实现。

通信波特率设置为：

自拟的通信内容为：

实现难点：

实施问题记录：

6.3.4 单片机多机通信

51 系列单片机串行口的方式 2 和方式 3 有一个专门的应用领域，即多机通信，这一功能通常采用主从式多机通信方式，设置一台主机和多台从机，如图 6.16 所示。主机发送的信息可以传送到各个从机或者指定的从机，从机发送的信息可以被主机接收，从机之间不能进行通信。

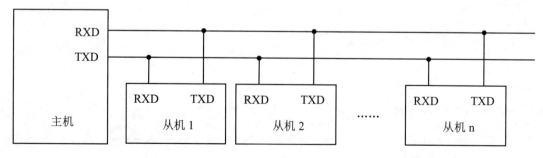

图 6.16 多机通信连接示意图

首先要给各从机定义地址编号，如 1，2，…，n 等。在主机发送数据给某个从机之前必须先发送一个地址字节，选择从机。编程实现多机通信的过程如下。

（1）主机发送一帧地址信息，建立与所需从机的联络。软件置主机 TB8=1，表示发送的数据是地址帧。

（2）从机初始化设置 SM2=1，处于准备接收一帧地址信息的状态。

（3）各从机接收地址信息，因 RB8=1，置中断标志位 R1=1。执行中断程序，首先判断主机发送的地址信息与自己的地址是否相符。对于地址相符的从机，清零 SM2，让 SM2=0，表示接收随后主机发来的信息。对于地址不符的其他从机，保持 SM2=1 的状态，表示对随后主机发来的信息不予理睬，直到发送新一帧地址信息。

（4）主机发送控制指令和数据信息给被寻址的从机，主机清零 TB8，让 TB8=0，表示发送控制指令和数据，对于未被寻址的从机，SM2=1，RB8=0，不会接收数据。被寻址的从机串口中断接收数据，待接收到结束码后，置 SM2=1，返回主程序。

此处要强调的是，多机通信在编写程序时，主机程序、从机都是在协议一致的情况下单独编制的，也就是有多少个单片机，就有多少个.hex 文件要下载。

项目七　液晶显示

数码管显示的内容十分有限，只能显示 0~9 的数字及几个简单的字母，当要显示文字、图形或输出信息量比较大时，数码管就显得不太实用，而且很多便携式设备都无法承载数码管的功耗，所以必须采用液晶显示器来实现。

7.1　任务一　液晶显示模块原理

LCD 是液晶显示器的简称，它是一种功耗极低的显示器件，广泛用于便携式电子产品中，它不仅省电，而且能够显示文字、曲线、图形等大量的信息。

液晶显示器的显像原理是将液晶置于两片导电玻璃之间，靠两个电极间电场的驱动，引起液晶分子扭曲向列的电场效应，以控制光源透射或遮蔽功能，在电源开与关之间产生明暗而将影像显示出来。液晶显示器件中的每个显示像素都可以被电场控制，不同的显示像素按照驱动信号的"指挥"在显示屏上合成出各种字符、数字及图形。液晶显示驱动器的功能就是建立这样的电场，通过对其输出到液晶显示器件电极上的电位信号进行相位、峰值和频率等参数的调制来建立交流驱动电场，以实现液晶显示器件的显示效果。液晶显示器的特点如下：

（1）低压微功耗。工作电压 3~5V，工作电流为几微安，因此它成为便捷式和手持仪器仪表首选的显示屏幕。

（2）平板型结构。减小了设备体积，安装时占用空间小。

（3）被动显示。液晶本身不发光，而是靠调制外界光进行显示，因此适合人的视觉习惯，不易使人眼睛疲劳。

（4）显示信息量大。像素小，在相同面积上可容纳更多信息。

（5）易于彩色化。

（6）没有电磁辐射。在显示期间不会产生电磁辐射，有利于人体健康。

（7）寿命长。LCD 器件本身无老化问题，因此寿命极长。

液晶显示模块是一种将液晶显示器件、连接件、集成电路、PCB 线路板、背光源和结构件装配在一起的组件，英文名称为 LCDmodule，简称 LCM。市场上供应的液晶显示模块主要有以下几种。

1. 数显液晶模块

数显液晶是一种由段型液晶显示器件与专用的集成电路组装成一体的功能部件，只能显示数学和一些标志符号，显示效果与数码管类似。大多应用在便携、袖珍设备中，如电子计算器的显示屏。

2. 字符型液晶显示模块

字符型液晶显示模块是由点阵字符液晶显示器件和专用的行列驱动器、控制器，以及串口的连接件、结构件装配而成的，可以显示字母、数字、符号。这种点阵模块本身具有字符发生器，显示容量大，功能丰富。点阵排列是由 5×7、5×8 或 5×11 的一组组像素点阵排列成的。

每组为 1 位，每位间有一点的间隔，每行间也有一行的间隔，所以不能显示图形。

3．图形型液晶显示模块

图形型液晶显示模块的特点是点阵像素连续排列，行和列在排布中均没有空格，因此它可以显示连续、完整的图形和汉字。由于它也是由 X-Y 矩阵像素构成的，所以除显示图形外可以显示字符。该液晶显示模块可广泛用于图形与汉字显示，如应用于游戏机、计算机和彩色电视设备中。

字符型液晶显示器是一种用 5×7 点阵图形来显示字符的液晶显示器，接口格式统一，比较通用，无论显示屏的尺寸如何，它的操作指令及其形成的模块接口信号定义都是兼容的。这种显示器的型号通常为：×××1602、×××2002 等，图形型液晶显示器型号通常为：×××12864、×××320240 等，其中×××为商标名称。本项目主要介绍×××1602、×××12864 的应用方式。

7.2　任务二　1602 液晶显示模块

7.2.1　1602 字符型液晶基本工作原理

对于 1602，16 代表液晶每行可以显示 16 个字，02 表示可以显示两行，即这种显示器可同时显示 32 个字符，实物外形如图 7.1 所示。

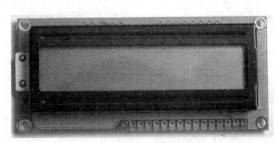

图 7.1　1602 液晶模块

1．显示模块的基本组成

1602 液晶点阵字符显示器用 5×7 点阵图形来显示西文字符或图形。单片机通过写控制方式访问并驱动控制器来实现对显示屏的控制。LCM 主要由三部分组成：LCD 控制器、LCD 驱动器、LCD 显示装置，如图 7.2 所示。

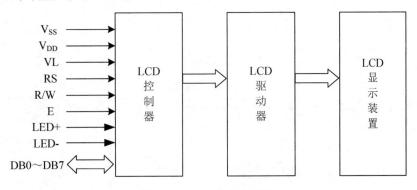

图 7.2　LCM 组成示意图

1602 液晶显示器主要技术参数见表 7.1，此表以长沙太阳人电子有限公司的 SMC1602A 液晶显示器的参数为例。

表 7.1　1602 液晶主要技术参数表

显示容量	16×2 个字符
芯片工作电压	4.5～5.5V
工作电流	2.0mA（5.0V）
模块最佳工作电压	5.0V
字符尺寸	2.95×4.35（W×H）mm

需要注意的是，在 5V 工作电压下测量它的工作电流是 2mA，这个 2mA 仅仅是指液晶，而它的黄绿背光都是用 LED 做的，所以功耗不会太小的，10～20mA 还是有的。

2．1602 的引脚及功能

1602 字符型液晶显示器的外形尺寸、引脚排列及功能如图 7.3 及表 7.2 所示。

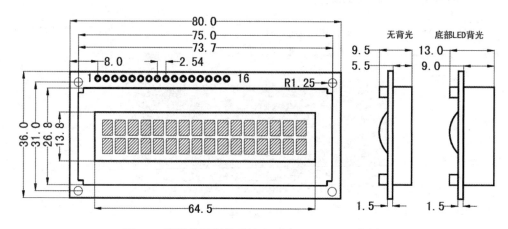

图 7.3　液晶显示器外形尺寸（以 SMC1602A 为例）

表 7.2　1602 LCD 引脚功能说明

引脚编号	名称	方向	功能	操作
1	V_{SS}	电源	电源接地	0V
2	V_{DD}	电源	电源正极	+5V
3	V0	电源	显示对比度调节端	电压越低，屏幕越亮
4	RS	输入	数据/命令选择端	1=选择数据寄存器 0=选择命令寄存器
5	R/W	输入	读写选择端	1=Read/读取 0=Write/写入
6	E	输入	使能信号	1=响应 LCD 0=禁用 LCD

续表

引脚编号	名称	方向	功能	操作
7～10	DB0～DB3	输入/输出	低四位总线	可输入数据、命令及地址
11～14	DB4～DB7	输入/输出	高四位总线	配合 DB0～DB3 的 8 位输入数据、命令及地址
15	BLA	输入	背光源正极	+5V
16	BLK	输入	背光源负极	0V

将液晶的电源 1 脚、2 脚以及背光电源 15 脚、16 脚正常接入电源就可以了，要注意的是，背光电源不接入不影响液晶正常工作，只会背光灯不点亮而已。上电以后液晶显示部分都是一些小黑块，当要显示一个字符的时候，有的黑点显示，有的黑点不显示，这样就可以显示出想要的字符了。

3 脚是液晶显示偏压信号，用来调整显示的黑点和不显示的黑点之间的对比度，即显示的清晰度。在实际应用中，通常在这个引脚上接个电位器，通过调整电位器的分压值，来调整 3 脚的电压。

4 脚是数据命令选择端。对于液晶，有时候要发送一些命令，让它实现想要的一些状态，有时候要发给它一些数据，让它显示出来，液晶就通过这个引脚来判断接收到的是命令还是数据，当这个引脚是高电平的时候，是数据选择端，当这个引脚是低电平的时候，是命令选择端。

5 脚是读写选择端。既可以写给液晶数据或者命令，也可以读取液晶内部的数据或状态。因为液晶本身内部有 RAM，实际上送给液晶的命令或者数据，液晶需要先保存在缓存里，然后再写到内部的寄存器或者 RAM 中，这个就需要一定的时间。所以进行读写操作之前，首先要读一下液晶当前状态，是不是在"忙"（BUSY），如果不忙，可以读写数据，如果在"忙"，就需要等待液晶忙完了，再进行操作。读液晶数据的场合很少，大家了解这个功能即可。

6 脚是使能信号端。液晶的读写命令和数据，都要靠它才能正常读写，后边详细讲解该功能引脚的用法。

7 到 14 引脚就是 8 个数据引脚了，就是通过这 8 个引脚读写数据和命令的。统一接到 P0 口上。开发板上的 1602 接口的原理图如图 7.4 所示，其中 RS、RW、E 分别连接到单片机的 P1.4、P1.5、P1.6，D0～D7 连接到 P0 口（由于该板设计是兼容 1602 和 12864 两种液晶，J3 为接插座，因此该处大家仅看兼容 1602 的 1～16 脚即可，18～20 脚是用于扩展 12864 的）。

3. 指令码工作说明

用单片机来控制 LCD 模块，方法十分方便。LCD 模块其内部可以看成两组寄存器，一个为指令寄存器 IR，另一个为数据寄存器 DR，由 RS 引脚来控制。所有对指令寄存器或数据寄存器的存取均需检查 LCD 内部的忙碌标志 BF 的状态，此标志用来告知 LCD 内部正在工作，不允许接收任何控制命令。而此位的检查可以令 RS=0，用读取 DB7 来加以判断。当 DB7 为 0 时，才可以写入指令寄存器或数据寄存器。LCD 控制器共有 11 种指令，LCD 指令码控制表见表 7.3。下面分别介绍。

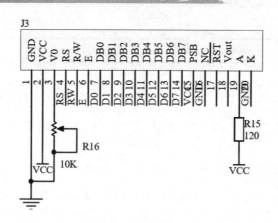

图 7.4 LCD1602 液晶接口原理图

表 7.3 LCD 指令控制码表

序号	指令操作	RS	R/W	DB7	DB6	DB5	DB4	DB3	DB2	DB1	DB0
1	清除显示屏	0	0	0	0	0	0	0	0	0	×
2	光标回到原点	0	0	0	0	0	0	0	0	1	×
3	进入模式设定	0	0	0	0	0	0	0	1	I/D	S
4	显示 ON/OFF	0	0	0	0	0	0	1	D	C	B
5	显示/光标移位	0	0	0	0	0	1	S/C	R/L	×	×
6	功能设定	0	0	0	0	1	DL	N	F	×	×
7	设定字符发生器(CGRAM)地址	0	0	0	1	A5	A4	A3	A2	A1	A0
8	设置(DDRAM)显示地址	0	0	1	A6	A5	A4	A3	A2	A1	A0
9	忙碌标志位 BF	0	1	BF	D6	D5	D4	D3	D2	D1	D0
10	写入数据寄存器(显示数据)	1	0	D7	D6	D5	D4	D3	D2	D1	D0
11	读取数据寄存器	1	1	D7	D6	D5	D4	D3	D2	D1	D0

说明：

（1）清除显示屏（Clear Display）（见表 7.4）

表 7.4 清除显示屏

RS	R/W	DB7	DB6	DB5	DB4	DB3	DB2	DB1	DB0
0	0	0	0	0	0	0	0	0	×

指令代码为 01H，将 DDRAM 数据全部填入"空白"的 ASCII 代码 20H，执行指令将清除显示屏的内容。

（2）光标回原点（左上角）（见表 7.5）

表 7.5 光标回原点

RS	R/W	DB7	DB6	DB5	DB4	DB3	DB2	DB1	DB0
0	0	0	0	0	0	0	0	1	×

指令代码为 02H，地址计数器 AC 被清零，但 DDRAM 内容保持不变，光标回原点（左上角），"×"表示该位可以为 0 或 1。

（3）设定进入模式（见表 7.6）

表 7.6　设定进入模式

RS	R/W	DB7	DB6	DB5	DB4	DB3	DB2	DB1	DB0
0	0	0	0	0	0	0	1	I/D	S

I/D(INC/DEC)：

I/D=1，表示当读或写完一个数据操作后，地址指针 AC 加 1，且光标加 1（光标右移一格）。

I/D=0，表示当读或写完一个数据操作后，地址指针 AC 减 1，且光标减 1（光标左移一格）。

S(Shift)：

S=1 表示当写一个数据操作时，整屏显示左移(I/D=1)或右移(I/D=0)，以得到光标不移动而屏幕移动的效果。

S=0 表示当写一个数据操作时，整屏显示不移动。

（4）显示屏开关（Display ON/OFF）（见表 7.7）

表 7.7　显示屏开关

RS	R/W	DB7	DB6	DB5	DB4	DB3	DB2	DB1	DB0
0	0	0	0	0	0	1	D	C	B

D(Display)：显示屏开启或关闭控制位。

当 D=1 时，显示屏开启；当 D=0 时，显示屏关闭，但 DDRAM 内的显示数据仍保留。

C(Cursor)：光标显示/关闭控制位。

C=1 时，表示在显示屏上显示光标，C=0 时，表示光标不显示。

B(Blink)：光标闪烁控制位。

B=1 时，表示光标出现后会闪烁；B=0 时，表示光标不闪烁。

（5）显示/光标移位（Display/Cursor shift）（见表 7.8）

表 7.8　显示/光标移位

RS	R/W	DB7	DB6	DB5	DB4	DB3	DB2	DB1	DB0
0	0	0	0	0	1	S/C	R/L	×	×

"×"表示该位可以为 0 或 1。

S/C(Display/Cursor)：

S/C=1 表示显示屏上的画面平移一个字符位；S/C=0 表示光标平移一个字符位。

R/L(Right/Left)：

R/L=1 表示右移，R/L=0 表示左移。

（6）功能设定（Function Set）（见表 7.9）

表 7.9　功能设定

RS	R/W	DB7	DB6	DB5	DB4	DB3	DB2	DB1	DB0
0	0	0	0	1	DL	N	F	×	×

"×"表示该位可以为 0 或 1。

DL(Data Legth)：数据长度选择位。

DL=1 时，为 8 位(DB7～DB0)数据接口；DL=0 为 4 位数据接口，使用 DB7～DB4 位，分 2 次送入一个完整的字符数据。

N(Number of Display)：显示屏为单行或双行选择。

N=1 为双行显示；N=0 为单行显示。

F(Font)：字符显示选择。

F=1 时，为 5×10 点阵字符；F=0 时，为 5×7 点阵字符。

（7）字符产生器 RAM（CGRAM）地址设定（见表 7.10）

表 7.10　字符产生器 RAM（CGRAM）地址设定

RS	R/W	DB7	DB6	DB5	DB4	DB3	DB2	DB1	DB0
0	0	0	1	A5	A4	A3	A2	A1	A0

设定下一个要读/写数据的 CGRAM 地址，地址由(A5～A0)给出，可设定 00～3FH 共 64 个地址。

（8）显示数据 RAM（DDRAM）地址设定（见表 7.11）

表 7.11　显示数据 RAM（DDRAM）地址设定

RS	R/W	DB7	DB6	DB5	DB4	DB3	DB2	DB1	DB0
0	0	1	A6	A5	A4	A3	A2	A1	A0

设定下一个要读/写数据的 DDRAM 地址，地址由(A6～A0)给出，可设定 00～7FH 共 128 个地址。N=0 一行显示 A6～A0=00～4FH，N=1 两行显示，首行 A6～A0=00H～2FH　次行 A6～A0=40H～67H

（9）忙碌标志/地址计数器读取（Busy Flag/Address Counter）（见表 7.12）

表 7.12　忙碌标志/地址计数器读取

RS	R/W	DB7	DB6	DB5	DB4	DB3	DB2	DB1	DB0
0	1	BF	A6	A5	A4	A3	A2	A1	A0

LCD 的忙碌标志 BF 用以指示 LCD 目前的工作情况：当 BF=1 时，表示正在做内部数据的处理，不接收单片机送来的指令或数据；当 BF=0 时，则表示已准备接收命令或数据。当程序读取此数据的内容时，DB7 表示忙碌标志，而另外 DB6～DB0 的值表示 CGRAM 或 DDRAM 中的地址。至于是指向哪一地址，则根据最后写入的地址设定指令而定。

（10）写入数据寄存器（见表 7.13）

表 7.13　写入数据寄存器

RS	R/W	DB7	DB6	DB5	DB4	DB3	DB2	DB1	DB0
1	0	D7	D6	D5	D4	D3	D2	D1	D0

先设定 CGRAM 或 DDRAM 地址，再将数据写入 DB7～DB0 中，以使 LCD 显示出字形，也可使使用者创造的图形存入 CGRAM 中。

（11）读取数据寄存器（见表 7.14）

表 7.14　读取数据寄存器

RS	R/W	DB7	DB6	DB5	DB4	DB3	DB2	DB1	DB0
1	1	D7	D6	D5	D4	D3	D2	D1	D0

先设定好 CGRAM 或 DDRAM 地址，再读取其中的数据。

与单片机寄存器的用法类似，1602 液晶在使用的时候，首先要进行初始的功能配置，1602 液晶有以下几个指令需要了解。

（1）显示模式设置

显示模式设置即功能设定[见指令（6）]，设置 16×2 显示，5×7 点阵，8 位数据接口，则应写指令 0x38。这条指令对 STC2.0 开发板上液晶来说是固定的，必须写 0x38。

（2）显示开/关以及光标设置指令

这里有 2 条指令，第一条指令用于设置显示屏开关[见指令（4）]，一个字节中 8 位，其中高 5 位是固定的 00001，低 3 位分别用 DCB 从高到低表示，D=1 表示开显示，D=0 表示关显示；C=1 表示显示光标，C=0 表示不显示光标；B=1 表示光标闪烁，B=0 表示光标不闪烁。如：打开显示，关闭光标，光标不闪烁，则应写入指令 00001100，即 0x0C。

第二条指令用于设定进入模式[见指令（3）]，高 6 位是固定的 000001，低 2 位分别用 NS 从高到低表示，其中 N=1 表示读或者写一个字符后，指针自动加 1，光标自动加 1，N=0 表示读或者写一个字符后指针自动减 1，光标自动减 1；S=1 表示写一个字符后，整屏显示左移（N=1）或右移（N=0），以达到光标不移动而屏幕移动的效果，如同计算器输入一样的效果，而 S=0 表示写一个字符后，整屏显示不移动。如：写入一个字符后指针自动加 1（即从左至右显示），写入一个字符后，屏幕不移动，则应写入指令 00000110，即 0x06。

（3）清屏指令

见指令（1），清屏指令是固定的，写入 0x01 表示显示清屏，其中包含了数据指针清零，所有的显示清零。写入 0x02 则仅仅是数据指针清零，显示不清零。

（4）RAM 地址设置指令

该指令码的最高位为 1，低 7 位为 RAM 的地址，RAM 地址与液晶显示器上字符的关系如图 7.5 所示。通常，在读写数据之前都要先设置好地址，然后再进行数据的读写操作。1602 液晶内部带了 80 个字节的显示 RAM，用来存储发送的数据。

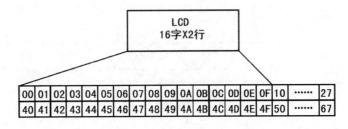

图 7.5　1602 内部 RAM 结构图

第一行的地址从 0x00 到 0x27，第二行的地址从 0x40 到 0x67，其中第一行 0x00 到 0x0F 是与液晶上第一行 16 个字符显示位置相对应的，第二行 0x40 到 0x4F 是与第二行 16 个字符显示位置相对应的。而每行都多出来一部分，是为了显示移动字幕设置的。1602 字符液晶显示器是显示字符的，因此它跟 ASCII 字符表是对应的。比如给 0x00 这个地址写一个 a，也就是十进制的 97，液晶的最左上方的那个小块就会显示一个字母 a。此外，液晶内部有个数据指针，它指向哪里，写入的那个数据就会送到相应的那个地址里。

4. 控制器接口时序

液晶显示器有一个状态字字节，通过读取这个状态字的内容，就可以知道 1602 液晶的一些内部情况，见表 7.15。

表 7.15　1602 液晶状态字

bit0～bit6	当前数据的指针的值	
bit7	读写操作使能	1：禁止　0：允许

这个状态字节有 8 个位，最高位表示了当前液晶是不是"忙"，如果这个位是 1 表示液晶正"忙"，禁止读写数据或者命令，如果是 0，则可以进行读写。而低 7 位就表示了当前数据地址指针的位置。

1602 的基本操作时序，一共有 4 个，分别是读状态、读数据、写指令、写数据，时序图如图 7.6、图 7.7 所示。为了实现 1602 液晶的程序的可读性，可先把用到的总线接口做一个统一位定义：

```
#define LCD1602_DB P0
sbit LCD1602_RS = P1^4;
sbit LCD1602_RW = P1^5;
sbit LCD1602_E = P1^6;
```

（1）读状态：RS=L，R/W=H，E=H。

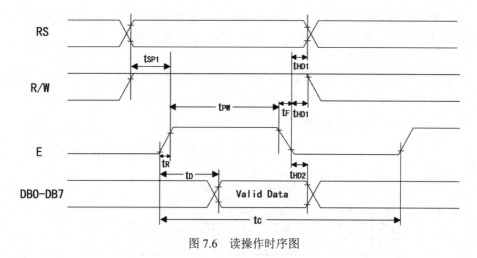

图 7.6　读操作时序图

```
LCD1602_DB = 0xFF;
LCD1602_RS = 0;
LCD1602_RW = 1;
LCD1602_E = 1;
sta = LCD1602_DB;
```

这样就把当前液晶的状态字读到了 sta 这个变量中，可以通过判断 sta 最高位的值来了解当前液晶是否处于"忙"状态，也可以得知当前数据的指针位置。两个问题，一是如果当前读到的状态是"不忙"，那么程序可以进行读写操作，如果当前状态是"忙"，那么还得继续等待重新判断液晶的状态；问题二，在原理图中，跑马灯、数码管、1602 液晶都用到了 P0 口总线，读完了液晶状态继续保持 LCD1602_E 是高电平的话，1602 液晶会继续输出它的状态值，输出的这个值会占据 P0 总线，干扰到流水灯、数码管等其他外设，所以读完了状态，通常要把这个引脚拉低来释放总线，可以用一个 do...while 循环语句来实现。

```
LCD1602_DB = 0xFF;
LCD1602_RS = 0;
LCD1602_RW = 1;
do {
    LCD1602_E = 1;
    sta = LCD1602_DB;          //读取状态字
    LCD1602_E = 0;             //读完撤销使能，防止液晶输出数据干扰 P0 总线
} while (sta & 0x80);          //bit7 等于 1 表示液晶正忙，重复检测直到其等于 0 为止
```

（2）读数据：RS=H，R/W=L，E=H。

这个逻辑也很简单，但是读数据不常用，大家了解一下就可以了，这里就不详细解释了。

（3）写指令：RS=L，R/W=L，D0~D7=指令码，E=高脉冲。

这个指令一共有 4 条语句，其中前三条语句顺序无所谓，但是"E=高脉冲"这一句很关键。实际上流程是这样的：因为现在是写数据，所以首先要保证 E 引脚是低电平状态，而前三句不管怎么写，1602 液晶只要没有接收到 E 引脚的使能控制，它都不会来读总线上的信号。当通过前三句准备好数据之后，E 使能引脚从低电平到高电平变化，然后 E 使能引脚再从高电平到低电平出现一个下降沿，1602 液晶内部一旦检测到这个下降沿，并且检测到 RS=L，R/W=L，就马上来读取 D0～D7 的数据，完成单片机写 1602 指令过程。归纳总结写了个"E=高脉冲"，意思就是：E 使能引脚先从低拉高，再从高拉低，形成一个高脉冲。

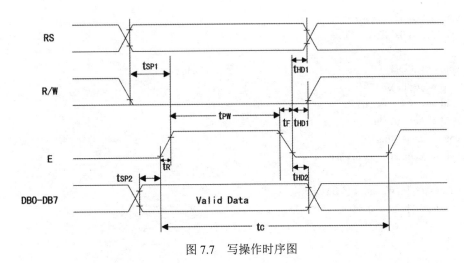

图 7.7　写操作时序图

（4）写数据：RS=H，R/W=L，D0～D7=数据，E=高脉冲。

写数据和写指令是类似的，就是把 RS 改成 H，把总线改成数据即可。

此外，这里用的 1602 液晶所使用的接口时序是摩托罗拉公司所创立的 6800 时序，还有另外一种时序是 Intel 公司的 8080 时序，也有部分液晶模块采用，只是相对来说比较少见，大家知道即可。

这里还要说明一个问题，就是从这 4 个时序可以看出来，1602 液晶的使能引脚 E，高电

平的时候是有效，低电平的时候是无效，前面也提到了高电平时会影响 P0 口，因此正常情况下，如果我们没有使用液晶的话，那么程序开始写一句"LCD1602_E=0"，就可以避免 1602 干扰到其他外设。

5．LCD 初始化设置

（1）初始化设置

1）设置显示模式：写入指令 0x38。

2）显示器清屏：写入指令 0x01。

3）显示器开/关及光标设置：写入指令 0x0C 以及 0x06。

（2）数据控制

控制器内部设有一个数据地址指针，用户可通过它们来访问内部全部 80 字节 RAM。

数据指针设置，数据地址指针：80H+地址码（00H～27H，40H～67H）。

7.2.2　1602 液晶应用实例

【例 7.1】在 STC2.0 开发板的 1602 显示器上第一行显示"Welcome to STC!"，第二行显示"David Zhou"。

参考程序如下：

```
#include"reg52.h"
#define uchar unsigned char
#define uint unsigned int
#define LCD1602_DB P0                    //位定义
sbit LCD1602_RS = P1^4;
sbit LCD1602_RW = P1^5;
sbit LCD1602_E = P1^6;

void initLCD();                          //函数声明
void waitIdle();
void writeCmd(uchar);
void writeDat(uchar);
void delayMs(uint);
void setCursor(uchar,uchar);

uchar str1[]="Welcome to STC!";
uchar str2[]="David Zhou";

void main(){
    uchar i;
    initLCD();
    setCursor(0,0);                      //设置地址
    for(i=0;str1[i]!='\0';i++){          //逐一写入字符串 str1 的字符
        writeDat(str1[i]);
    }
    setCursor(0,1);
    for(i=0;str2[i]!='\0';i++){          //逐一写入字符串 str2 的字符
```

```
                writeDat(str2[i]);
            }
        while(1);
    }
// 检测"忙"信号函数
void waitIdle(){
        uchar sta;
        LCD1602_DB = 0xFF;
        LCD1602_RS = 0;
        LCD1602_RW = 1;
        do {
            LCD1602_E = 1;
            delayMs(1);
            sta = LCD1602_DB;
            LCD1602_E = 0;
            delayMs(1);
        } while(sta & 0x80);
    }
//写入一个字节的数据函数
void writeDat(uchar dat){
        waitIdle();
        LCD1602_RS = 1;
        LCD1602_RW = 0;
        LCD1602_DB = dat;
        delayMs(1);
        LCD1602_E   = 1;
        delayMs(1);
        LCD1602_E   = 0;
    }
//写入一个字节的命令函数
void writeCmd(uchar cmd){
        waitIdle();
        LCD1602_RS = 0;
        LCD1602_RW = 0;
        LCD1602_DB = cmd;
        delayMs(1);
        LCD1602_E   = 1;
        delayMs(1);
        LCD1602_E   = 0;
    }
//初始化 LCD 屏
void initLCD(){
        writeCmd(0x38);          //16×2 显示，5×7 点阵，8 位数据接口
        writeCmd(0x0C);          //显示器开，光标关闭
        writeCmd(0x06);          //文字不动，地址自动+1
        writeCmd(0x01);          //清屏
```

```
    }
    //位置定位子函数
    void setCursor(uchar x, uchar y){          //x、y 为行列位置
        uchar addr;
        if (y == 0) {
            addr = 0x00 + x;
        }
        else{
            addr = 0x40+ x;
        }
        writeCmd(addr | 0x80);
    }
    //延时 1ms 子函数
    void delayMs(uint cnt){
        uchar i;
        while(cnt--){
            for(i=0;i<=120;i++);
        }
    }
```

程序中有详细的注释，结合本节前面的讲解，大家自己分析下，掌握 1602 液晶的基本操作函数。另外关于本程序还有几点值得提一下：

首先，把程序所有的功能都使用函数模块化了，这样非常有利于程序的维护，不管要写一个什么样的功能，只要调用相应的函数就可以了，大家注意学习这种编程方法。

其次，使用液晶的习惯，也是用数学上的(x,y)坐标来进行屏幕定位，但与数学坐标系不同的是，液晶的左上角的坐标是 x=0，y=0，往右边是 x+偏移，下边是 y+偏移。

第三，读写数据和指令程序，每次都必须进行"忙"判断。

第四，对于字符串可通过判定字符串数组内容是否为"\0"来判断是否发送完毕。

另外，要注意的是 LCD1602 自带了 ASCII 字符库，如果要显示数字，需先将数字转换为 ASCII 字符（ASCII 字符表见附录 A）。

任务实施：请在例 7.1 的基础上改动，使两行字符向左滚动起来，如何操作呢？

（请在此处列出关键指令即可）

7.3 任务三 12864 液晶显示模块

7.3.1 12864 图形型液晶基本工作原理

虽然 1602 字符型液晶能显示 ASCII 标准字符，但是无法良好地对汉字进行显示，其能显示的

字符也较少，如果需要显示较多内容或需要显示汉字时，一般会选用点阵型 LCD，如图 7.8 所示。

目前常用的点阵型 LCD 按点阵的大小不同，有 122×32、128×64、320×240 等型号，其中 128×64 点阵液晶显示屏是应用较为普遍的一种。128×64 点阵液晶显示屏中有 128×64 共 8192 个液晶显示点，选择显示其中的一些点，就可以表现出文字或图像。12864 型的 LCD 有三种常用的控制器，分别是 KS0107（KS0108）、T6963C 和 ST7920。其中 KS0107（KS0108）不带任何字库，T6963C 带 ASCII 码字库，ST7920 带国标二级字库（8192 个 16×16 点阵汉字）。不带字库的 KS0107（KS0108）控制器使用时要先进行字符取模，这一点比带字库的型号麻烦一些。

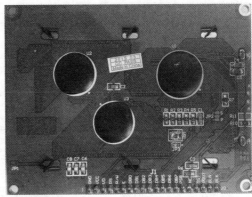

图 7.8　12864 实物图

1. 12864 引脚分配及功能

12864 的类型较多，分为不带字库、带 ASCII 码字库、带中文字库等，不同类型引脚及功能均略有不同，下面以绘晶科技公司带中文字库的 HJ12864J 为例来介绍 12864 的引脚功能，见表 7.16。

表 7.16　12864LCD 引脚功能表

管脚号	管脚	方向	说明
1	V_{SS}	—	电源负端（0V）
2	V_{DD}	—	电源正端（+3.3V 或+5V）
3	V0	—	LCD 驱动电压（可调）
4	RS（CS）	I	1.并口方式：RS=0 当 MPU 进行读模块操作时，指向地址计数器；当 MPU 进行写模块操作时，指向指令寄存器；RS=1 无论 MPU 读/写操作，均指向数据寄存器； 2.串口方式：CS 串行片选信号，高电平有效
5	RW（SID）	I	1.并口方式：R/W=0 写操作，R/W=1 读操作； 2.串口方式：SID 串行数据输入端
6	E（SCLK）	I	1.并口方式：使能信号，高电平有效； 2.串口方式：SCLK 串行时钟信号
7～14	DB0～DB7	I/O	MPU 与模块之间并口的数据传送通道，4 位总线模式下 D0～D3 脚断开
15	PSB	I	1=并行口控制选择端；0=串行口控制选择端

管脚号	管脚	方向	说明
16	NC	—	空脚
17	RST	I	复位脚（低电平有效）
18	V_{OUT}	—	倍压输出脚（VDD=+3.3V 有效）
19	LEDA	—	背光电源正端（+3.3V 或+5V）
20	LEDK	—	背光电源负端（0V）

V0 和 V_{OUT} 通常可以接在一个可调电阻的一段，用来调节 LCD 的对比度。

2. 常用寄存器和功能位

12864LCD 可以从数据总线接收来自 MCU 的指令和数据，并存入其内部的指令和数据寄存器中。在这些控制指令和数据的控制下，液晶屏内部的行、列驱动器对所带的 128×64 液晶显示器进行控制，从而显示出对应信息。12864LCD 中常用的寄存器和功能位如下。

（1）指令寄存器（IR）

IR 用来寄存指令码。当 D/I=0 时，在 E 脚信号的下降沿来临时，指令码写入 IR。

（2）数据寄存器（DR）

DR 是用于寄存数据的，与指令寄存器寄存指令相对应。当 D/I=1 时，在下降沿作用下，图形显示数据写入 DR，或在 E 信号高电平作用下由 DR 读到 DB7～DB0 数据总线。

（3）忙标志位（BF）

BF 标志提供内部工作情况。BF=1 表示模块在内部操作，此时模块不接收外部指令和数据。BF=0 表示模块为准备状态，随时可接收外部指令和数据。

（4）显示控制位（DFF）

DFF 位是用于控制模块屏幕显示开和关的。DFF=1 为开显示，DDRAM 的内容就显示在屏幕上，DFF=0 为关显示。DFF 的状态是由指令 DISPLAY ON/OFF 和 RST 信号控制的。

（5）XY 地址计数器

XY 地址计数器是一个 9 位寄存器。高 3 位为地址计数器，低 6 位为 Y 地址计数器。XY 地址计数器相当于 LCD 内部显示数据 RAM（DDRAM）的地址指针，X 地址计数器为 DDRAM 的页指针，Y 地址计数器为 DDRAM 的 Y 地址指针。

Y 地址计数器具有循环计数功能，各显示数据写入后，Y 地址自动加 1，Y 地址指针可以从 0 到 63 自动计数。X 地址计数器没有循环计数功能。

（6）显示数据 RAM（DDRAM）

液晶显示模块带有 1024 字节的显示数据 RAM（Display Date RAM），它储存着液晶显示器的显示数据，液晶屏会根据其中的内容进行显示。DDRAM 单元中的一位对应于显示屏上的一个点，如某位为 1，则与该位对应的 LCD 液晶屏上的那一点就会有显示。

（7）Z 地址计数器

Z 地址计数器是一个 6 位计数器，此计数器具备循环计数功能，用于显示行扫描同步。当一行扫描完成，此地址计数器自动加 1，指向下一行扫描数据，RST 复位后 Z 地址计数器为 0。

3. 显示原理

DDRAM 地址与 128×64 点阵显示屏的关系（可以显示 8×4=32 个汉字），一行最多 16 字，见表 7.17。

表 7.17　DDRAM 地址与显示位置的映射关系表

Y		128 点														
X		H	L	H	L	H	L	H	L	H	L	H	L	H	L	H	L
左	32 点	80		81		82		83		84		85		86		87	
		90		94		92		93		94		95		96		97	
右	32 点	88		89		8A		8B		8C		8D		8E		8F	
		98		99		9A		9B		9C		9D		9E		9F	

80 表示一个显示汉字的 DDRAM 地址，占 16×16 点阵，只要在 80 地址内写入汉字内码就能显示汉字或者字符，汉字内码有 2 个字节，高位（H）写在前，低位（L）写在后，注意地址会自动加 1。现在的单片机编译软件都能引用汉字编译出汉字内码，12864 有一套标准的 GB2312 简体字库，收到汉字内码可以直接调取内部对应点阵显示在屏幕上。

12864 屏实际上是将一个 25632 点阵屏中间切断，左边的一半 12832 放在上半屏，右边的一半 12832 放在下半屏，组成的 12864 点阵屏，用户在编程序的时候要特别注意。

GDRAM 与 12864 点阵的关系见表 7.18。

表 7.18　GDRAM 与 12864 点阵的关系（128×64 点阵的绘图像素）

Y 点		128 点														
X 点		H	L	H	L	H	L	H	L	H	L	H	L	H	L	H	L
		0		1		2		3		4		5		6		7	
左	0	Y0X0		Y0X1		Y0X2		Y0X3		Y0X4		Y0X5		Y0X6		Y0X7	
	1	Y1X0		Y1X1		Y1X2		Y1X3		Y1X4		Y1X5		Y1X6		Y1X7	
	2	Y2X0		Y2X1		Y2X2		Y2X3		Y2X4		Y2X5		Y2X6		Y2X7	
	…	…		…		…		…		…		…		…		…	
	31	Y31X0		Y31X1		Y31X2		Y31X3		Y31X4		Y31X5		Y31X6		Y31X7	
右	0	Y0X8		Y0X9		Y0X10		Y0X11		Y0X12		Y0X13		Y0X14		Y0X15	
	1	Y1X8		Y1X9		Y0X10		Y1X11		Y1X12		Y1X13		Y1X14		Y1X15	
	2	Y1X8		Y1X9		Y1X10		Y1X11		Y1X12		Y1X13		Y1X14		Y1X15	
	…	…		…		…		…		…		…		…		…	
	31	Y31X8		Y31X9		Y31X10		Y31X11		Y31X12		Y31X13		Y31X14		Y31X15	

Y 为列的位置，X 是水平上的地址（水平一个地址有 16 个点）

位=点	D15	D14	D13	D12	D11	D10	D9	D8	D7	D6	D5	D4	D3	D2	D1	D0
字节	H								L							
地址	80h															

GDRAM 与 12864 点阵的分布图，程序写入过程为，先写入垂直地址，例如(0-31)，再写

水平 X 地址，例如(0-7/8-15)，一个水平地址有 1×16 位点阵（分两字节，先写高字节，再写低字节，高位在左边），水平地址可以自动加 1，这里 0 地址看作 0x80，在写地址的时候都要加上 0x80；举例，如果是在第 2 行的第 33 列，垂直地址为 0x80+1，水平地址为 0x80+2，要调一幅图片时，使用横向取模取出点阵数据。也可以自编图形，在最后的程序例程中，有绘制边框供参考。

（1）自编字符 CGRAM

字符预留了几个自编字符空间，编写一些特殊的字符或者符号，使用原理：进入 CGRAM（40H），选择内码地址 02（00 到 08），然后写入 8×8 点阵数据（横向取模），要显示自编字符时，写显示 DDRAM 地址，然后写入内码地址 02 就能显示自编符号。

（2）HCGROM（如图 7.9 所示）

HCGROM（Half height Character Generation ROM）：半宽字符发生器，就是字母与数字，也就是 ASCII 码。

图 7.9　字符码与字形的关系

4．控制指令

HJ12864J 带汉字液晶显示模块的指令表，见表 7.19、表 7.20。

表 7.19　12864LCD 指令表（RE=0：基本指令集）

指令名称	控制信号		控制代码								Hex
	RS	RW	D7	D6	D5	D4	D3	D2	D1	D0	
清除显示	0	0	0	0	0	0	0	0	0	1	0x01
地址归零	0	0	0	0	0	0	0	0	1	×	0x02
输入点设定	0	0	0	0	0	0	0	1	I/D	S	0x4x
显示状态开/关	0	0	0	0	0	0	1	D	C	B	0x8x
光标或显示移位控制	0	0	0	0	0	1	S/C	R/L	X	X	0x1x
功能设定	0	0	0	0	1	DL	X	RE	X	X	0x2x
设定 CGRAM 地址	0	0	0	1	AC5	AC4	AC3	AC2	AC1	AC0	0x4x
设定 DDRAM 地址	0	0	1	AC6	AC5	AC4	AC3	AC2	AC1	AC0	0x8x

续表

指令名称	控制信号		控制代码								Hex
	RS	RW	D7	D6	D5	D4	D3	D2	D1	D0	
读取忙碌标志（BF）和地址	0	1	BF	AC6	AC5	AC4	AC3	AC2	AC1	AC0	
写数据到 RAM	1	0	D7	D6	D5	D4	D3	D2	D1	D0	
读出 RAM 的数据	1	1	D7	D6	D5	D4	D3	D2	D1	D0	

表 7.20   12864LCD 指令表（RE=1：扩充指令集）

指令名称	控制信号		控制代码								Hex
	RS	RW	D7	D6	D5	D4	D3	D2	D1	D0	
待机模式	0	0	0	0	0	0	0	0	0	1	0x01
卷动地址或 RAM 地址选择	0	0	0	0	0	0	0	0	1	SR	0x02
反白选择	0	0	0	0	0	0	0	1	R1	R0	0x4x
扩充功能设定	0	0	0	0	1	DL	X	1RE	G	0	0x3x
设定 IRAM 地址或卷动地址	0	0	0	1	AC5	AC4	AC3	AC2	AC1	AC0	0x4x
设定绘图 RAM 地址	0	0	1	0	AC5	AC4	AC3	AC2	AC1	AC0	0x8x

基本控制指令的具体功能如下：

（1）清除显示（见表 7.21）

表 7.21   清除显示

RS	RW	D7	D6	D5	D4	D3	D2	D1	D0
0	0	0	0	0	0	0	0	0	1

功能：将 DDRAM 填满"20H"（空格），把 DDRAM 地址计数器调整为"00H"，重新进入点设定将 I/D 设为 1，光标右移 AC 加 1。

（2）地址归位（见表 7.22）

表 7.22   地址归位

RS	RW	D7	D6	D5	D4	D3	D2	D1	D0
0	0	0	0	0	0	0	0	1	x

功能：将 DDRAM 计数器调整为"00H"，光标回原点，该功能不影响显示 DDRAM。

（3）输入点设置（见表 7.23）

表 7.23   输入点设置

RS	RW	D7	D6	D5	D4	D3	D2	D1	D0
0	0	0	0	0	0	0	1	I/D	S

功能：设定光标移动方向并指定整体显示是否移动。

I/D=1 光标右移，AC 自动加 1；I/D=0 光标左移，AC 自动减 1。

S=1 且 DDRAM 为写状态：整体显示移动，方向由 I/D 决定。

S=0 或 DDRAM 为读状态：整体显示不移动。

（4）显示状态开/关（见表 7.24）

表 7.24　显示状态开/关

RS	RW	D7	D6	D5	D4	D3	D2	D1	D0
0	0	0	0	0	0	1	D	C	B

功能：D=1 整体显示 ON；D=0 整体显示 OFF。

C=1 光标显示 ON；C=0 光标显示 OFF。

B=1 光标位置反白且闪烁；B=0 光标位置不反白闪烁。

（5）光标或显示移位控制（见表 7.25）

表 7.25　光标或显示移位控制

RS	RW	D7	D6	D5	D4	D3	D2	D1	D0
0	0	0	0	0	1	S/C	R/L	X	X

功能：S/C　光标左/右移动，AC 减/加 1。

R/L　整体显示左/右移动，光标跟随移动，AC 值不变。

（6）功能设定（见表 7.26）

表 7.26　功能设定

RS	RW	D7	D6	D5	D4	D3	D2	D1	D0
0	0	0	0	1	DL	X	RE	X	X

功能：DL=1　8-BIT 控制接口；DL=0　4-BIT 控制接口。

RE=1　扩充指令集动作；RE=0　基本指令集动作。

（7）设定 CGRAM 地址（见表 7.27）

表 7.27　设定 CGRAM 地址

RS	RW	D7	D6	D5	D4	D3	D2	D1	D0
0	0	0	1	AC5	AC4	AC3	AC2	AC1	AC0

功能：设定 CGRAM 地址到地址计数器（AC），需确定扩充指令中 SR=0（卷动地址或 RAM 地址选择）。

（8）设定 DDRAM 地址（见表 7.28）

表 7.28　设定 DDRAM 地址

RS	RW	D7	D6	D5	D4	D3	D2	D1	D0
0	0	1	AC6	AC5	AC4	AC3	AC2	AC1	AC0

功能：设定 DDRAM 地址到地址计数器（AC）。

（9）读取忙碌标志（BF）和地址（见表 7.29）

表 7.29　读取忙碌标志（BF）和地址

RS	RW	D7	D6	D5	D4	D3	D2	D1	D0
0	1	BF	AC6	AC5	AC4	AC3	AC2	AC1	AC0

功能：读取忙碌状态（BF）可以确认内部动作是否完成，同时可以读出地址计数器（AC）的值，当 BF=1，表示内部忙碌中此时不可发出指令，需等 BF=0 才可发出新指令。

（10）写数据到 RAM（见表 7.30）

表 7.30　写数据到 RAM

RS	RW	D7	D6	D5	D4	D3	D2	D1	D0
1	0	D7	D6	D5	D4	D3	D2	D1	D0

功能：写入资料到内部的 RAM（DDRAM/CGROM/GDRAM），每个 RAM 地址都要连续写入两个字节的资料。

（11）读出 RAM 的数据（见表 7.31）

表 7.31　读出 RAM 的数据

RS	RW	D7	D6	D5	D4	D3	D2	D1	D0
1	1	D7	D6	D5	D4	D3	D2	D1	D0

功能：从内部 RAM 读取数据（DDRAM/CGROM/GDRAM），当设定地址指令后，若需读取数据时需先执行一次空的读数据，才会读取到正确数据，第二次读取时则不需要，除非又发出设定地址指令。

5.　操作时序及参数

12864 可分为并行口模式和串行口模式，并行口模式时序及参数表如图 7.10 和表 7.32 所示。

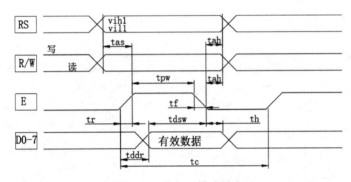

图 7.10　并行口模式时序

表 7.32　并行口模式参数表

参数	符号	测试条件	最小	典型	最大	单位
内部时钟						
振荡频率	Fosc	R=33kr/R=18kr	480/470	540/530	600/590	kHz
外部时钟						
外部频率	fex	—	480/470	540/530	600/590	kHz
占空比			45	50	55	%
上升/下降时间	Tr, tf	—	—	—	0.2	μs

参数	符号	测试条件	最小	典型	最大	单位
写模式（从单片机写数据到模块）						
E 周期	Tc	E	1200/1800	—	—	ns
E 脉冲宽度	Tpw	E	140/160	—	—	ns
E 上升/下降时间	Tr, tf	E	—	—	25	ns
地址建立时间	Tas	Rs，r/w，e	10	—	—	ns
地址保持时间	Tah	Rs，r/w，e	20	—	—	ns
数据建立时间	Tdsw	D0—d7	40	—	—	ns
数据保持时间	Th	D0—d7	20	—	—	ns
读模式（从模块读数据到单片机）						
E 周期	Tc	E	1200/1800	—	—	ns
E 脉冲宽度	Tpw	E	140/320	—	—	ns
E 上升/下降时间	Tr, tf	E	—	—	25	ns
地址建立时间	Tas	Rs，r/w，e	10	—	—	ns
地址保持时间	Tah	Rs，r/w，e	20	—	—	ns
数据建立时间	Tddr	D0—d7	—	—	100/260	ns
数据保持时间	Th	D0—d7	20	—	—	ns

串行口模式时序及参数表如图 7.11 和表 7.33 所示。

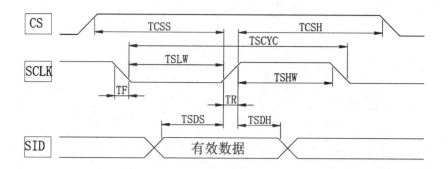

图 7.11　串行口模式时序

表 7.33　串行口模式参数表

参数	符号	测试条件	最小	典型	最大	单位
内部时钟						
振荡频率	Fosc	R=33kr/R=18kr	470	530	590	kHz
外部时钟						
外部频率	fex	—	470	530	590	kHz

续表

参数	符号	测试条件	最小	典型	最大	单位
占空比			45	50	55	%
上升/下降时间	Tr，tf	—	—	—	0.2	μs
写模式（从单片机写数据到模块）						
串行时钟周期	TSCYC	E/SCLK	400/600	—	—	ns
SCLK 高脉宽	TSHW	E/SCLK	200/300	—	—	ns
SCLK 脉宽	TSLW	E/SCLK	200/300	—	—	ns
SID 数据建立时间	TSDS	RW/SID	40	—	—	ns
SID 数据保持时间	TSDH	RW/SID	40	—	—	ns
CS 建立时间	TCSS	RS/CS	60	—	—	ns
CS 保持时间	TCSH	RS/CS	60	—	—	ns

7.3.2　12864 液晶应用实例

【例 7.2】在 STC2.0 开发板的 12864 显示器上显示中文诗"故人西辞黄鹤楼，烟花三月下扬州。孤帆远影碧空尽，唯见长江天际流。"

参考程序如下：

```
#include "reg52.h"
#define uchar unsigned char
#define uint unsigned int
#define DB P0
sbit RS = P1^4;
sbit RW = P1^5;
sbit EN = P1^6;
uchar str1[]="故人西辞黄鹤楼";
uchar str2[]="烟花三月下扬州";
uchar str3[]="孤帆远影碧空尽";
uchar str4[]="唯见长江天际流";
void initLCD();
void writeCmd(uchar);
void writeDat(uchar);
void setCursor(uchar, uchar);
void delayMs(uint);
void main(){
    uchar i;
    initLCD();
    setCursor(0,0);
    for(i=0;str1[i]!='\0';i++){
        writeDat(str1[i]);
    }
    setCursor(0,1);
    for(i=0;str2[i]!='\0';i++){
```

```
                    writeDat(str2[i]);
                }
            setCursor(0,2);
            for(i=0;str3[i]!='\0';i++){
                    writeDat(str3[i]);
                }
            setCursor(0,3);
            for(i=0;str4[i]!='\0';i++){
                    writeDat(str4[i]);
                }
            while(1);
        }
    void initLCD(){
            writeCmd(0x30);              //8 bits，基本指令集
        delayMs(2);
            writeCmd(0x01);              //清屏
        delayMs(2);
            writeCmd(0x0C);              //光标显示开
        delayMs(2);
            writeCmd(0x06);              //光标右移
            delayMs(2);
        }
    void waitIdle(){
        uchar sta;
        RS = 0;
        RW = 1;
        do {
            DB = 0x00;
            EN = 1;
            sta = DB & 0x80;
            EN = 0;
        } while(sta == 0x80);
    }
    void writeCmd(uchar cmd){
        waitIdle();
        RS = 0;
        RW = 0;
        DB = cmd;
        EN = 1;
        delayMs(2);
        EN = 0;
        delayMs(2);
    }
    void writeDat(uchar dat){
        waitIdle();
        RS = 1;
```

```
            RW = 0;
            DB = dat;
            EN = 1;
            delayMs(2);
            EN = 0;
            delayMs(2);
    }
    void setCursor(uchar x, uchar y){
            uchar address;
            switch(y){
                case 0:    address = 0x80 + x;
                            break;
                case 1:    address = 0x90 + x;
                            break;
                case 2:    address = 0x88 + x;
                            break;
                case 3: address = 0x98 + x;
                            break;
                default:break;
            }
            writeCmd(address);
    }
    void delayMs(uint cnt){
        uchar i;
        while(cnt--){
            for(i=0;i<=120;i++);
        }
    }
```

将上述程序编译一下，并下载到单片机中，观察运行结果并分析。

任务实施：请使用 LCD12864 自由输出任意中文内容，并尝试输出 "♥""♣" 等图案。

任务笔记：

项目八 I²C 总线与 E²PROM

I²C 总线，即 Inter-Integrated Circuit（集成电路总线），是 PHILIPS 公司推出的一种串行总线，是具备多主机系统所需的包括总线裁决和高低速器件同步功能的高性能串行总线，多用于连接微处理器及其外围芯片；也就是说多个芯片可以连接到同一总线结构下，同时每个芯片都可以作为实时数据传输的控制源。这种方式简化了信号传输总线接口。

在 STC2.0 开发板上采用 AT24C02 作为 E²PROM。AT24C02 是一个基于 I²C 通信协议的器件，在本项目中我们将 I²C 和 E²PROM 结合起来，实现计数器的功能，设计一个 0～99 的秒计数器，用两位数码管显示当前的计数值，并将当前的计数值保存到 E²PROM 芯片 AT24C02 中，断电以后计数值不丢失，再次上电计数器继续计数。

8.1 任务一 认识 I²C 总线

8.1.1 I²C 总线内部结构

在硬件上，I²C 总线是由时钟总线 SCL 和数据总线 SDA 两条线构成，连接到总线上的所有器件的 SCL 都连到一起，所有 SDA 都连到一起。I²C 总线是开漏引脚并联的结构，因此我们外部要添加上拉电阻。添加上拉电阻后所有器件的 SLC 和 SDA 的连接关系就属于线 "与" 连接关系，如图 8.1 所示。总线上线 "与" 的关系就是说，所有接入的器件保持高电平，这条线才是高电平，而任何一个器件输出一个低电平，那这条线就会保持低电平，因此可以做到任何一个器件都可以拉低电平，也就是任何一个器件都可以作为主机，但往往以单片机作为主机。再有就是由于上拉电阻的存在，当总线上不传输数据时也就是总线空闲时，SCL 和 SDA 总是体现为高电平。在如图 8.2 所示开发板上，我们加了 R30 和 R31 两个上拉电阻。

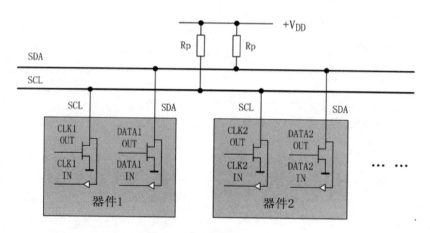

图 8.1 I²C 总线内部结构

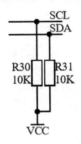

图 8.2　I²C 总线的上拉电阻

8.1.2　I²C 时序

I²C 通信过程包含三个步骤，分别为：起始信号、数据传输和停止信号，如图 8.3 所示。

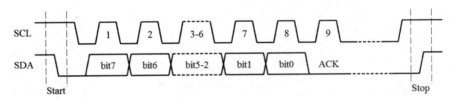

图 8.3　I²C 时序流程图

下面我们一部分一部分地把 I²C 通信时序进行剖析。为了更方便地看出来每一位的传输流程，我们把图 8.3 改进成图 8.4。

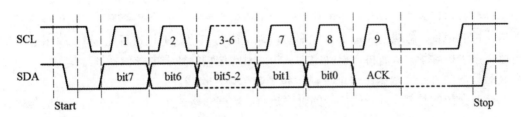

图 8.4　I²C 通信流程解析

起始信号：I²C 通信的起始信号的定义是 SCL 为高电平期间，SDA 由高电平向低电平变化产生一个下降沿，表示起始信号，如图 8.3 中的 Start 部分所示。起始信号由主机产生，由 SCL 和 SDA 的高低电平配合实现。

数据传输：I²C 通信中数据传输是高位在前，低位在后。I²C 没有固定波特率，但是有时序的要求，SDA 只有在 SCL 为低电平的时候才允许变化，也就是说，发送方在 SCL 为低电平的时候准备好数据；而当 SCL 在高电平的时候，SDA 绝对不可以变化，因为这个时候，接收方要来读取当前 SDA 的电平信号是 0 还是 1，因此要保证 SDA 的稳定，也就是说，接收方在 SCL 为高电平的时候进行采样。如图 8.3 中的每一位数据的变化，都是在 SCL 的低电平位置。8 位数据位后边跟着的是一位应答位。

停止信号：I²C 通信停止信号的定义是 SCL 为高电平期间，SDA 由低电平向高电平变化产生一个上升沿，表示结束信号，如图 8.4 中的 Stop 部分所示。终止信号由主机产生，同样由 SCL 和 SDA 的高低电平配合实现。

8.1.3 I²C 数据传输格式

1. 字节传输与应答

I²C 传输数据时必须以字节为单位，数据传输时，先传送最高位（MSB），也就是高位在前低位在后。发送方在发送一个字节后接收方会回应一个应答位，也就是第九位为应答位。如果应答位为 0 表示写入成功，如果应答位为 1 有两种情况：①写入不成功；②接收方是主机，主机如果不想读取数据了会回应一个非应答信号，让从机释放总线，如图 8.5 所示。

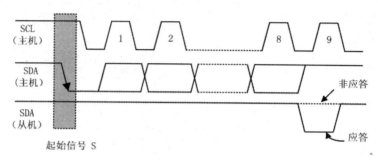

图 8.5　主机写字节传输格式与应答位

注意： 单片机在作为主机向从机写数据时，每写完一个字节都应该释放 SDA 总线，也就是写 SDA=1（线与结构决定的）。

2. 数据帧格式

I²C 总线上传输的数据信号是广义的，因为 I²C 总线上可以挂载多个具有 I²C 接口的器件，每个器件都有自己独立的地址，在单片机作为主机的系统中，单片机发送了起始信号之后就应该发送从机的地址，总线上的每个器件都将这地址码与自己的地址进行比较，如果相同，则认为自己正被主机寻址，从而将自己确定为从机。因此传输的数据中既包括地址信号，又包括真正意义的数据信号。即数据由"地址帧"和"数据帧"构成。

上一节介绍的是 I²C 每一位信号的时序流程，数据帧格式指 I²C 通信在字节级的传输中固定的时序要求。I²C 通信的起始信号（Start）后，首先要发送一个从机的地址，这个地址一共有 7 位，紧跟着的第 8 位是数据方向位（R/W），0 表示接下来要发送数据（写），1 表示接下来要请求数据（读）。

8.1.4 I²C 寻址模式

I²C 总线协议有明确的规定：采用 7 位的寻址字节（寻址字节是起始信号后的第一个字节，也就是从机地址加读写方向位），如图 8.6 所示。

图 8.6　寻址字节

寻址字节的位定义：

D7～D1 位组成从机的地址。D0 位是数据传送方向位，为 0 时表示主机向从机写数据，为 1 时表示主机由从机读数据。

当我们发送完了这 7 位地址和 1 位方向后，如果发送的这个地址确实存在，那么这个地址的器件应该回应一个 ACK（第九位应答位，拉低 SDA 即输出 0），如果不存在，就没"人"回应 ACK（SDA 将保持高电平即 1）。

我们知道，打电话的时候，当拨通电话，接听方捡起电话肯定要回一个"喂"，这就是告诉拨电话的人，这边有人了。同理，这个第九位 ACK 实际上起到的就是这样一个作用。

那我们写一个简单的程序，访问一下我们板子上的 EEPROM 的地址，另外再写一个不存在的地址，看看它们是否能回一个 ACK。

STC2.0 板子上的 E²PROM 器件型号是 AT24C02，在 AT24C02 的数据手册可查到，AT24C02 的 7 位地址中，其中高 4 位是固定的 1010，而低 3 位的地址取决于具体电路的设计，由芯片上的 A2、A1、A0 这 3 个引脚的实际电平决定，AT24C02 的电路图如图 8.7 所示。

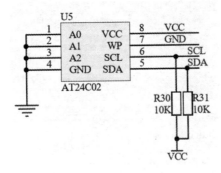

图 8.7　AT24C02 原理图

从图 8.6 可以看出来，我们的 A2、A1、A0 都是接的 GND，也就是说都是 0，因此 AT24C02 的 7 位地址实际上是二进制的 1010000，也就是 0x50。我们用 I²C 的协议来寻址 0x50，另外再寻址一个不存在的地址 0x62，寻址完毕后，把返回的 ACK 显示到我们的 1602 液晶上，大家对比一下。

在编程之前我们首先来了解下 I²C 总线的典型信号模拟时序图，因为 STC12C5A60S2 本身并没有 I²C 接口，要实现 I²C 通信必须利用 I/O 口模拟，开发板上用 P3.6（SCL）、P3.7（SDA）来进行模拟。

I²C 总线的起始信号、终止信号、发送 0 及发送 1 的模拟时序如图 8.8 所示。

下面程序当中 I2CStart()、I2CSTOP()、I2CWrite(unsigned char dat)子程序就是根据此模拟时序图编出来的。

【例 8.1】在 STC2.0 开发板的 I²C 总线上查询 50 和 62 两个地址的器件，如有应答显示应答位为 0，没有应答显示应答位为 1。

参考程序如下：

```
#include "reg52.h"
#include "intrins.h"
#define uchar unsigned char
#define uint unsigned int
#define I2CDelay()    {_nop_();_nop_();_nop_();_nop_();}
#define LCD1602_DB    P0
```

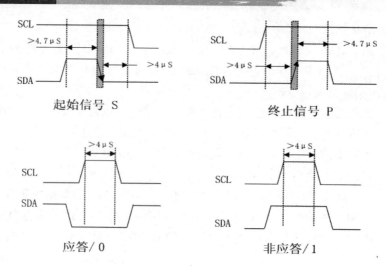

图 8.8　I²C 典型模拟时序图

```
sbit I2C_SCL = P3^6;
sbit I2C_SDA = P3^7;
sbit LCD1602_RS = P1^4;
sbit LCD1602_RW = P1^5;
sbit LCD1602_E  = P1^6;
bit I2CAddressing(uchar addr);
void InitLcd1602();
void LcdShowStr(uchar x, uchar y, uchar *str);
/* 等待液晶准备好*/
void LcdWaitReady(){
    uchar sta;
    LCD1602_DB = 0xFF;
    LCD1602_RS = 0;
    LCD1602_RW = 1;
    do {
        LCD1602_E = 1;
        sta = LCD1602_DB;              //读取状态字
        LCD1602_E = 0;
    } while (sta & 0x80); //bit7 等于 1 表示液晶正忙，重复检测直到其等于 0 为止
}
/* 向 LCD1602 液晶写入一字节命令，cmd-待写入命令值*/
void LcdWriteCmd(uchar cmd){
    LcdWaitReady();
    LCD1602_RS = 0;
    LCD1602_RW = 0;
    LCD1602_DB = cmd;
    LCD1602_E  = 1;
    LCD1602_E  = 0;
}
/* 向 LCD1602 液晶写入一字节数据，dat-待写入数据值*/
void LcdWriteDat(uchar dat){
```

```
        LcdWaitReady();
        LCD1602_RS = 1;
        LCD1602_RW = 0;
        LCD1602_DB = dat;
        LCD1602_E  = 1;
        LCD1602_E  = 0;
}
/* 设置显示 RAM 起始地址，亦即光标位置，(x,y)-对应屏幕上的字符坐标*/
void LcdSetCursor(uchar x, uchar y){
        uchar addr;
        if (y == 0)                           //由输入的屏幕坐标计算显示 RAM 的地址
                addr = 0x00 + x;              //第一行字符地址从 0x00 起始
        else
                addr = 0x40 + x;              //第二行字符地址从 0x40 起始
        LcdWriteCmd(addr | 0x80);            //设置 RAM 地址
}
/* 在液晶上显示字符串，(x,y)-对应屏幕上的起始坐标，str-字符串指针*/
void LcdShowStr(uchar x, uchar y, uchar *str){
        LcdSetCursor(x, y);                  //设置起始地址
        while (*str != '\0'){                //连续写入字符串数据，直到检测到结束符
                LcdWriteDat(*str++);
        }
}
/* 初始化 1602 液晶*/
void InitLcd1602(){
        LcdWriteCmd(0x38);                   //16×2 显示，5×7 点阵，8 位数据接口
        LcdWriteCmd(0x0C);                   //显示器开，光标关闭
        LcdWriteCmd(0x06);                   //文字不动，地址自动+1
        LcdWriteCmd(0x01);                   //清屏
}
void main(){
        bit ack;
        uchar str[10];
        InitLcd1602();                       //初始化液晶
        ack = I2CAddressing(0x50);           //查询地址为 0x50 的器件
        str[0] = '5';                        //将地址和应答值转换为字符串
        str[1] = '0';
        str[2] = ':';
        str[3] = (uchar)ack + '0';
        str[4] = '\0';
        LcdShowStr(0, 0, str);               //显示到液晶上
        ack = I2CAddressing(0x62);           //查询地址为 0x62 的器件
        str[0] = '6';                        //将地址和应答值转换为字符串
        str[1] = '2';
        str[2] = ':';
        str[3] = (uchar)ack + '0';
```

```
        str[4] = '\0';
        LcdShowStr(8, 0, str);                //显示到液晶上
        while (1);
    }
/* 产生总线起始信号*/
void I2CStart(){
    I2C_SDA = 1;                              //首先确保 SDA、SCL 都是高电平
    I2C_SCL = 1;
    I2CDelay();
    I2C_SDA = 0;                              //先拉低 SDA
    I2CDelay();
    I2C_SCL = 0;                              //再拉低 SCL
}
/* 产生总线停止信号*/
void I2CStop(){
    I2C_SCL = 0;                              //首先确保 SDA、SCL 都是低电平
    I2C_SDA = 0;
    I2CDelay();
    I2C_SCL = 1;                              //先拉高 SCL
    I2CDelay();
    I2C_SDA = 1;                              //再拉高 SDA
    I2CDelay();
}
/* I²C 总线写操作，dat-待写入字节，返回值-从机应答位的值*/
bit I2CWrite(uchar dat){
    bit ack;                                  //用于暂存应答位的值
    uchar mask;                               //用于探测字节内某一位值的掩码变量
    for (mask=0x80; mask!=0; mask>>=1){       //从高位到低位依次进行
        if ((mask&dat) == 0)                  //该位的值输出到 SDA 上
            I2C_SDA = 0;
        else
            I2C_SDA = 1;
        I2CDelay();
        I2C_SCL = 1;                          //拉高 SCL
        I2CDelay();
        I2C_SCL = 0;                          //再拉低 SCL，完成一个位周期
    }
    I2C_SDA = 1;                              //8 位数据发送完后，主机释放 SDA，以检测从机应答
    I2CDelay();
    I2C_SCL = 1;                              //拉高 SCL
    ack = I2C_SDA;                            //读取此时的 SDA 值，即为从机的应答值
    I2CDelay();
    I2C_SCL = 0;                              //再拉低 SCL 完成应答位，并保持住总线
    return ack;                               //返回从机应答值
}
/* I²C 寻址函数，即检查地址为 addr 的器件是否存在，返回值-从器件应答值*/
bit I2CAddressing(unsigned char addr){
```

```
        bit ack;
        I2CStart();                         //产生起始位，即启动一次总线操作
        ack = I2CWrite(addr<<1);            //器件地址需左移一位，因寻址命令的最低位
                                            //为读写位，用于表示之后的操作是读或写
        I2CStop();                          //不需进行后续读写，而直接停止本次总线操作
        return ack;
    }
```

应答响应显示结果示例如图 8.9 所示。

图 8.9　应答响应显示结果示例

把程序下载到 STC2.0 开发板上运行完毕，会在液晶上边显示出来预想的结果，主机发送一个存在的从机地址，从机会回复一个应答位，即应答位为 0；主机如果发送一个不存在的从机地址，就没有从机应答，即应答位为 1。

利用库函数 _nop_() 可以进行精确延时，一个 _nop_() 的时间就是一个机器周期，这个库函数包含在 intrins.h 这个文件中，如果要使用这个库函数，只需要在程序最开始，和包含 reg52.h 一样，加一句 #include "intrins.h" 之后，程序中就可以使用这个库函数了。

还有一点要提一下，I²C 通信分为低速模式 100kb/s、快速模式 400kb/s 和高速模式 3.4Mb/s。因为所有的 I²C 器件都支持低速，但却未必支持另外两种速度，所以作为通用的 I²C 程序我们选择 100kb/s 这个速率来实现，也就是说实际程序产生的时序必须小于等于 100kb/s 的时序参数，很明显也就是要求 SCL 的高低电平持续时间都不短于 5μs，因此我们在时序函数中通过插入 I2CDelay() 这个总线延时函数（它实际上就是 4 个 NOP 指令，用 define 在文件开头做了定义），加上改变 SCL 值语句本身占用的至少一个周期，来达到这个速度限制。如果以后需要提高速度，那么只需要减小这里的总线延时时间即可。

此外要学习一个发送数据的技巧，就是 I²C 通信时如何将一个字节的数据发送出去。大家注意函数 I2CWrite 中，用的那个 for 循环 "for (mask=0x80; mask!=0; mask>>=1)"，由于 I²C 通信是从高位开始发送数据，所以先从最高位开始，0x80 和 dat 进行按位与运算，从而得知 dat 第 7 位是 0 还是 1，然后右移一位，也就是变成了用 0x40 和 dat 按位与运算，得到第 6 位是 0 还是 1，一直到第 0 位结束，最终通过 if 语句，把 dat 的 8 位数据依次发送出去。其他的逻辑大家对照前边讲到的理论知识，认真研究明白就可以了。

8.2　任务二　走入 E²PROM

在实际的应用中，保存在单片机 RAM 中的数据，掉电后就丢失了，保存在单片机的 FLASH 中的数据，又不能随意改变，也就是不能用它来记录变化的数值。但是在某些场合，我们又确实需要记录下某些数据，而它们还时常需要改变或更新，掉电之后数据还不能丢失，这时候就

要用 E²PROM 来保存数据，比如我们的家用电表度数，电视机里边的频道记忆，一般都是使用 E²PROM 来保存数据，特点就是掉电后不丢失。我们板子上使用的这个器件是 24C02，是一个容量大小是 2Kb，也就是 256 个字节的 E²PROM。一般情况下，E²PROM 拥有 30 万到 100 万次的寿命，也就是它可以反复写入 30～100 万次，而读取次数是无限的。

AT24C02 是一个基于 I²C 通信协议的器件，I²C 是一个通信协议，它拥有严密的通信时序逻辑要求，而 E²PROM 是一个器件，只是这个器件采样了 I²C 协议的接口与单片机相连而已，二者并没有必然的联系，E²PROM 可以用其他接口，I²C 也可以用在其他很多器件上。

8.2.1　E²PROM 读写操作时序

1. E²PROM 写数据流程

第一步，首先是 I²C 的起始信号，接着跟上首字节，也就是前边讲的 I²C 的器件地址，并且在读写方向上选择"写"操作。

第二步，发送数据的存储地址。AT24C02 一共 256 个字节的存储空间，地址从 0x00～0xFF，我们想把数据存储在哪个位置，此刻写的就是哪个地址。

第三步，发送要存储的数据第一个字节、第二个字节……注意在写数据的过程中，E²PROM 每个字节都会回应一个应答位 0，来告诉我们写 E²PROM 数据成功，如果没有回应答位，说明写入不成功。

在写数据的过程中，每成功写入一个字节，E²PROM 存储空间的地址就会自动加 1，当加到 0xFF 后，再写一个字节，地址会溢出又变成 0x00。

2. E²PROM 读数据流程

第一步，首先是 I²C 的起始信号，接着跟上首字节，也就是前边讲的 I²C 的器件地址，并且在读写方向上选择"写"操作。这个地方大家会诧异，明明是读数据为何方向也要选"写"呢？刚才说过了，AT24C02 一共有 256 个地址，选择写操作，是为了把所要读的数据的存储地址先写进去，告诉 E²PROM 我们要读取哪个地址的数据。这就如同打电话，先拨总机号码（E²PROM 器件地址），而后还要继续拨分机号码（数据地址），而拨分机号码这个动作，主机仍然是发送方，方向依然是"写"。

第二步，发送要读取的数据的地址，注意是地址而非存在 E²PROM 中的数据，通知 E²PROM 要哪个分机的信息。

第三步，重新发送 I²C 起始信号和器件地址，并且在方向位选择"读"操作。

这三步当中，每一个字节实际上都是在"写"，所以每一个字节 E²PROM 都会回应一个应答位 0。

第四步，读取从器件发回的数据，读一个字节，如果还想继续读下一个字节，就发送一个应答位 ACK(0)，如果不想读了，告诉 E²PROM，我不想要数据了，别再发数据了，那就发送一个非应答位 NAK(1)。

和写操作规则一样，每读一个字节，地址会自动加 1，那如果想继续往下读，给 E²PROM 一个 ACK(0)低电平，再继续给 SCL 完整的时序，E²PROM 会继续往外送数据。如果不想读了，要告诉 E²PROM 不要数据了，那直接给一个 NAK(1)高电平即可。这个地方大家要从逻辑上理解透彻，不能简单地靠死记硬背，一定要理解明白。梳理一下几个要点：①在本例中单片机是主机，AT24C02 是从机；②无论是读是写，SCL 始终都是由主机控制的；③写的时候应答信号由从机给出，表示从机是否正确接收了数据；④读的时候应答信号则由主机给出，表示是否继续读下去。

8.2.2 E²PROM 跨页写操作时序

读取 E²PROM 的时候很简单，E²PROM 根据所送的时序，直接就把数据送出来了，但是写 E²PROM 却没有这么简单了。给 E²PROM 发送数据后，先保存在 E²PROM 的缓存中，E²PROM 必须要把缓存中的数据搬移到"非易失"区域，才能达到掉电不丢失的效果。而往非易失区域写需要一定的时间，每种器件不完全一样，ATMEL 公司的 AT24C02 的写入时间最高不超过 5ms。在往非易失区域写的过程，E²PROM 是不会再响应访问的，不仅接收不到数据，即使用 I²C 标准的寻址模式去寻址，E²PROM 都不会应答，就如同总线上没有这个器件一样。数据写入非易失区域完毕后，E²PROM 再次恢复正常，就可以正常读写了。

在向 E²PROM 连续写入多个字节的数据时，如果每写一个字节都要等待几 ms 的话，整体上的写入效率就太低了。因此 EEPROM 的厂商就想了一个办法，把 E²PROM 分页管理。AT24C01、AT24C02 这两个型号是 8 个字节一个页，而 AT24C04、AT24C08、AT24C16 是 16 个字节一页。STC2.0 开发板上用的型号是 AT24C02，一共是 256 个字节，8 个字节一页，那么就一共有 32 页。

分配好页之后，如果在同一个页内连续写入几个字节，最后再发送停止位的时序。E²PROM 检测到这个停止位后，就会一次性把这一页的数据写到非易失区域，就不需要写一个字节检测一次了，并且页写入的时间也不会超过 5ms。如果写入的数据跨页了，那么写完了一页之后，要发送一个停止位，然后等待并且检测 E²PROM 闲模式，一直等到把上一页数据完全写到非易失区域后，再进行下一页的写入，这样就可以在很大程度上提高数据的写入效率。

8.3 任务三 基于 AT24C02 计数器的设计

【例 8.2】设计一个 0～99 的秒计数器，用两位数码管显示当前的计数值，并将当前的计数值保存到 E²PROM 芯片 AT24C02 中，断电以后计数值不丢失，再次上电计数器继续计数。

参考程序如下：

```
#include "reg52.h"
#include "intrins.h"
#define uchar unsigned char
#define uint unsigned int
#define I2CDelay()    {_nop_();_nop_();_nop_();_nop_();}
sbit H1=P1^0;
sbit H2=P1^1;
sbit H3=P1^2;
sbit H4=P1^3;
sbit I2C_SCL = P3^6;
sbit I2C_SDA = P3^7;
bit bFlagR = 1;
bit bFlagW = 0;
uchar cnt=0;                          //定义一个计数变量，记录 T0 溢出次数
```

```
uchar sec=0;
uchar code LedChar[] = {0xc0, 0xf9, 0xa4, 0xb0, 0x99, 0x92, 0x82, 0xf8,
                        0x80, 0x90, 0x88, 0x83, 0xc6, 0xa1, 0x86, 0x8e,0xff};
/* 产生总线起始信号*/
void I2CStart(){
    I2C_SDA = 1;                    //首先确保 SDA、SCL 都是高电平
    I2C_SCL = 1;
    I2CDelay()
    I2C_SDA = 0;                    //先拉低 SDA
    I2CDelay()
    I2C_SCL = 0;                    //再拉低 SCL
}
/* 产生总线停止信号*/
void I2CStop(){
    I2C_SCL = 0;                    //首先确保 SDA、SCL 都是低电平
    I2C_SDA = 0;
    I2CDelay();
    I2C_SCL = 1;                    //先拉高 SCL
    I2CDelay();
    I2C_SDA = 1;                    //再拉高 SDA
    I2CDelay();
}
/* I²C 总线写操作，dat-待写入字节，返回值-从机应答位的值*/
bit I2CWrite(uchar dat){
    bit ack;                        //用于暂存应答位的值
    uchar mask;                     //用于探测字节内某一位值的掩码变量
    for (mask=0x80; mask!=0; mask>>=1){   //从高位到低位依次进行
        if ((mask&dat) == 0)        //该位的值输出到 SDA 上
            I2C_SDA = 0;
        else
            I2C_SDA = 1;
        I2CDelay();
        I2C_SCL = 1;                //拉高 SCL
        I2CDelay();
        I2C_SCL = 0;                //再拉低 SCL，完成一个位周期
    }
    I2C_SDA = 1;                    //8 位数据发送完后，主机释放 SDA，以检测从机应答
    I2CDelay();
    I2C_SCL = 1;                    //拉高 SCL
    ack = I2C_SDA;                  //读取此时的 SDA 值，即为从机的应答值
    I2CDelay();
    I2C_SCL = 0;                    //再拉低 SCL 完成应答位，并保持住总线
    return ack;                     //返回从机应答值
}
uchar I2CReadNAK(){
    uchar mask;
```

```
    uchar dat;
    I2C_SDA = 1;                             //首先确保主机释放 SDA
    for (mask=0x80; mask!=0; mask>>=1){      //从高位到低位依次进行
        I2CDelay();
        I2C_SCL = 1;                         //拉高 SCL
        if(I2C_SDA == 0)                     //读取 SDA 的值
            dat &= ~mask;                    //为 0 时，dat 中对应位清零
        else
            dat |= mask;                     //为 1 时，dat 中对应位置 1
        I2CDelay();
        I2C_SCL = 0;                         //再拉低 SCL，以使从机发送出下一位
    }
    I2C_SDA = 1;                             //8 位数据发送完后，拉高 SDA，发送非应答信号
    I2CDelay();
    I2C_SCL = 1;                             //拉高 SCL
    I2CDelay();
    I2C_SCL = 0;                             //再拉低 SCL 完成非应答位，并保持住总线
    return dat;
}
/* 读取 E²PROM 中的一个字节， addr -字节地址 */
uchar E2ReadByte(addr){
    uchar dat;
    I2CStart();
    I2CWrite(0x50<<1);                       //寻址器件，后续为写操作
    I2CWrite(addr);                          //写入存储地址
    I2CStart();                              //发送重复启动信号
    I2CWrite((0x50<<1)|0x01);                //寻址器件，后续为读操作
    dat = I2CReadNAK();                      //读取一个字节数据
    I2CStop();
    return dat;
}
/*向 EEPROM 中写入一个字节，addr-字节地址*/
void E2WriteByte(uchar addr, uchar dat){
    I2CStart();
    I2CWrite(0x50<<1);                       //寻址器件，后续为写操作
    I2CWrite(addr);                          //写入存储地址
    I2CWrite(dat);                           //写入一个字节数据
    I2CStop();
}
/*延时 1ms 子函数*/
void delayMs(uint cnt){
    uchar i;
    while(cnt--){
        for(i=0;i<=120;i++);
    }
}
```

```
void main(){
    uchar cTemp;
    TMOD = 0x01;                    //设置 T0 为模式 1
    TH0 = 0x4C;
    TL0 = 0x00;                     //50ms 定时
    IE =0x82;                       //允许 T0 中断
    TR0 = 1;                        //启动 T0
    while(1){
        if(bFlagR){
            sec = E2ReadByte(0x02);
            if(sec >= 100){
                sec = 0;
            }
        }
        if(bFlagW){
            E2WriteByte(0x02, sec);
        }
        H2 = 1;
        H1 = 0;
        cTemp = sec%10;
        P0 = LedChar[cTemp];
        delayMs(5);
        H2 = 0;
        H1 = 1;
        cTemp = sec/10;
        P0 = LedChar[cTemp];
        delayMs(5);
    }
}
void clock() interrupt 1{
    cnt++;
    TH0 = 0x4C;
    TL0 = 0x00;
    if(cnt == 10){
        bFlagR = 1;
    }
    else{
        bFlagR = 0;
    }
    if(cnt == 20){
        cnt = 0;
        bFlagW = 1;
        sec++;
        if(sec >= 100){
            sec = 0;
        }
```

```
        }
        else{
            bFlagW = 0;
        }
    }
```

将上述程序编译一下，并下载到单片机中，观察运行结果并分析。

任务实施：请列出两个在实际生活中接触的电子产品里有使用此类存储器芯片的例子，思考如何使用按键、1602 液晶、AT24C02 做一个简单的密码锁程序。

案例一：

案例二：

密码锁程序分析；

项目九　DS18B20 温度传感器

DS18B20 是一款数字式温度传感器，能够将温度信号转换成电信号直接供单片机检测，其与单片机接口采用单总线接口方式，硬件电路非常简单。该传感器体积小，硬件开销低，抗干扰能力强，精度高，应用非常广泛。

9.1　任务一　初识 DS18B20

9.1.1　DS18B20 的功能及引脚

DS18B20 是 Dallas 公司生产的一款 1-Wire 数字温度传感器，即单总线器件，全部的传感元件及转换电路都集成在一个形如三极管的集成电路内。单片机可以通过 1-Wire 协议与 DS18B20 进行通信，最终将温度读出。用它可以组成一个测温系统，在一根通信线上，可以挂多个这样的数字温度传感器。1-Wire 总线的硬件接口很简单，只需要把 DS18B20 的数据引脚和单片机的一个 I/O 口接上就可以了。DS18B20 的硬件原理图，如图 9.1 所示。

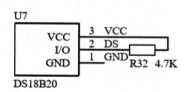

图 9.1　DS18B20 电路原理图

DS18B20 产品具有如下特点：

（1）适应电压范围更宽，电压范围：3.0～5.5V，在寄生电源方式下可由数据线供电。

（2）独特的单线接口方式，DS18B20 在与微处理器连接时仅需要一条口线即可实现微处理器与 DS18B20 的双向通信。

（3）每个 DS18B20 器件上具有一个独一无二的 64 位序列号，可以实现组网多点测温。

（4）在使用中 DS18B20 不需要任何外围元件，全部传感元件及转换电路集成在一个形如三极管的集成电路内。

（5）测温范围–55～+125℃，在–10～+85℃时精度为±0.5℃。

（6）可编程的分辨率为 9～12 位，对应的可分辨温度分别为 0.5℃、0.25℃、0.125℃和 0.0625℃，可实现高精度测温。

（7）12 位分辨率时温度值转换为数字量所需的时间不超过 750ms，9 位分辨率时温度值转换为数字量所需的时间不超过 93.75ms。用户可以根据需要选择合适的分辨率。

（8）内部有温度上、下限报警设置。

（9）可通过数据线供电，供电范围为 3.0～5.5V。

（10）测量结果直接输出数字温度信号，以"一线总线"串行传送给 CPU，同时可传送 CRC 校验码，具有极强的抗干扰纠错能力。

（11）负压特性：电源极性接反时，芯片不会因发热而烧毁，但不能正常工作。

DS18B20 产品主要适用范围：

- 冷冻库、粮仓、储罐、电讯机房、电力机房、电缆线槽等设施的测温和控制领域。
- 轴瓦、缸体、纺机、空调等狭小空间工业设备的测温和控制。
- 汽车空调、冰箱、冷柜以及中低温干燥箱等。
- 供热/制冷管道热量计量，中央空调分户热能计量和工业领域测温和控制。

DS18B20 的外形及管脚说明分别如图 9.2 和表 9.1 所示。

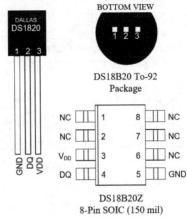

图 9.2　DS18B20 外形封装图

表 9.1　DS18B20 管脚及其说明

TO-9 封装	8 引脚 SOIC 封装	符号	说明
1	5	GND	接地
2	4	DQ	数据输入/输出引脚
3	3	V_{DD}	可选的 V_{DD} 引脚；工作在寄生电源模式时 V_{DD} 必须接地

9.1.2　DS18B20 的内部结构

DS18B20 的内部结构如图 9.3 所示，它主要由 6 位光刻 ROM、温度传感器、温度报警触发器、高速缓存器、8 位 CRC 产生器、寄生电源、电源探测、存储器和控制逻辑等部分组成。

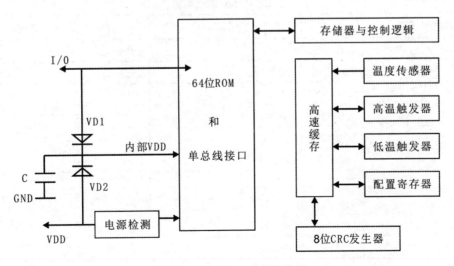

图 9.3　DS18B20 内部结构图

1. 64 位光刻 ROM

64 位光刻 ROM 是出厂前已被刻好的，它可以看作是该 DS18B20 的地址序列号，每一个 DS18B20 都有一个唯一的序列号。64 位地址序列号的构成如图 9.4 所示。

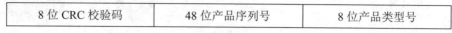

8 位 CRC 校验码	48 位产品序列号	8 位产品类型号

图 9.4 64 位地址序列号的构成

开始 8 位（28H）是产品类型号，接着的 48 位代表自身的序列号，最后 8 位是前面 56 位的 CRC（循环冗余）校验码。由于不同的器件的地址序列号不一样，多个 DS18B20 可以采用一线进行通信。主机根据 ROM 的前 56 位计算 CRC 值，与存入 DS18B20 中的 CRC 值进行比较，以判断主机收到的 ROM 数据是否正确识别不同的 DS18B20。

2. 温度传感器

DS18B20 中的温度传感器可以完成温度测量，数据保存在高速暂存器的第 0 个和第 1 个字节里面。以 12 位分辨率为例，数据存储格式如图 9.5 所示。

2^3	2^2	2^1	2^0	2^{-1}	2^{-2}	2^{-3}	2^{-4}	LSB

MSb　　　　　　(unit = °C)　　　　LSb

S	S	S	S	S	2^6	2^5	2^4	MSB

图 9.5 DS18B20 温度数据格式

第 1 个字节的高 5 位为符号位，正温度时为 0，负温度时为 1，第 0 个字节的低 4 位为小数位。12 位分辨率时为 0.0625。DS18B20 温度数据格式如表 9.2 所示。正温度时只需要用测得的数据乘以 0.0625 即可以得到实际的测量温度，例如+125℃时 DS18B20 对应的数字输出值为 07D0。负温度时需要将测得的值取反加 1 后再乘以 0.0625 才可以得到实际的测量温度，例如−10.125℃对应的数字输出值为 FF5E。

表 9.2 DS18B20 温度数据格式

温度值/℃	数字输出（二进制）	数字输出（十六进制）
+125	0000 0111 1101 0000	07D0
+85	0000 0101 0101 0000	0550
+25.0625	0000 0001 1001 0001	0191
+10.125	0000 0000 1010 0010	00A2
+0.5	0000 0000 0000 1000	0008
0	0000 0000 0000 0000	0000
−0.5	1111 1111 1111 1000	FFF8
−10.125	1111 1111 0101 1110	FF5E
−25.0625	1111 1110 0110 1111	FE6F
−55	1111 1100 1001 0000	FC90

注：开机复位时，温度寄存器的值是+85℃（0550H）。

3. 高速暂存器

高速暂存器由 9 个字节组成，具体分配见表 9.3。温度传感器接收到温度转换命令后，将转换成二进制的数据以二进制补码的形式保存在第 0 个和第 1 个字节。第 2 个和第 3 个字节为温度上、下限设定值，由用户自己设置见表 9.4（出厂时默认设置为 11）。

表 9.3　DS18B20 高速暂存器结构

序号	寄存器名称	作用
0	温度低字节	以 16 位补码形式存放
1	温度高字节	
2	TH/用户字节 1	存放温度上限值
3	HL/用户字节 2	存放温度下限值
4	配置寄存器	配置工作模式
5、6、7	保留	保留
8	CRC 值	CRC 校验码

表 9.4　DS18B20 分辨率设置与温度转换时间

R1	R0	分辨率/位	温度最大转换时间/ms
0	0	9	93.75
0	1	10	187.5
1	0	11	375
1	1	12	750

9.1.3　DS18B20 的工作原理

DS18B20 的测温原理如图 9.6 所示。低温度系数的振荡频率受温度的影响很小，用于产生固定频率的脉冲信号送给减法计数器 1，高温度系数晶振的振荡频率随温度变化会明显改变，所产生的信号作为减法计数器 2 的脉冲输入。每次测量前，首先将–55℃所对应的基数值分别置入减法计数器 1 和温度寄存器中。减法计数器 1 对低温度系数晶振产生的脉冲信号进行减法计数，当减法计数器 1 的预置值减到 0 时，温度寄存器的值将加 1，然后减法计数器 1 重新装入预置值，重新开始计数。减法计数器 2 对高温度系数晶振产生的脉冲信号进行减法计数，一直到减法计数器 2 计数到 0 时，停止对温度寄存器值的累加，此时温度寄存器中的数值即为所测温度值。图中的斜率累加器用于补偿和修正测温过程中的非线性误差，提高测量精度。其输出用于修正减法计数器的预置值，一直到计数器 2 等于 0 为止。

DS18B20 的指令有 ROM 指令和功能指令两大类。当单片机检测到 DS18B20 的应答脉冲后，便可发出 ROM 操作指令。ROM 操作指令有 5 类，见表 9.5。

在成功执行 ROM 操作指令后，才可使用功能指令。功能指令共有 6 种，见表 9.6。

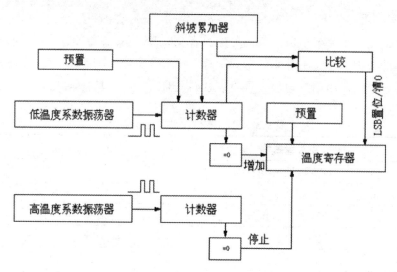

图 9.6　DS18B20 的测温原理图

表 9.5　ROM 指令表

指令类型	指令代码	功能
读 ROM	33H	读取激光 ROM 中的 64 位序列号，只能用于总线上有单个 DS18B20 器件的情况，总线上有多个器件时会发生数据冲突
匹配 ROM	55H	发出此指令后发送 64 位 ROM 序列号，只有序列号完全匹配的 DS18B20 才能响应后面的内存操作指令，其他不匹配的将等待复位脉冲
跳过 ROM	CCH	无需提供 64 位 ROM 序列号，直接发送功能指令，只能用于单片 DS18B20
搜索 ROM	F0H	识别出总线上 DS18B20 的数量及序列号
报警搜索	ECH	流程和搜索 ROM 指令相同，只有满足报警条件的从机才对该指令做出响应。只有在最近一次测温后遇到符合报警条件的 DS18B20 才会响应这条指令

表 9.6　功能指令表

指令类型	指令代码	功能
温度转换	44H	启动温度转换操作，产生的温度转换结果数据以 2 个字节的形式被存储在高速暂存器中
读暂存器	BEH	读取暂存器内容，从字节 0 至字节 8，共 9 个字节，主机可随时发起复位脉冲，停止此操作，通常只需读前 5 个字节
写暂存器	4EH	发出向内部 RAM 的 2、3、4 字节写上、下限温度数据和配置寄存器命令，紧跟该命令之后，传送对应的 3 个字节的数据
复制暂存器	48H	把 TH、TL 和配置寄存器（第 2、3、4 字节）的内容复制到 E^2PROM 中
重调 E^2PROM 暂存器	B8H	将存储在 E^2PROM 中的温度报警触发值和配置寄存器值重新复制到暂存器中，此操作在 DS18B20 加电时自动执行
读供电方式	B4H	读 DS18B20 的供电模式。寄生电源供电时 DS18B20 发送 0，外接电源供电时 DS18B20 发送 1

9.2　任务二　DS18B20 的应用

9.2.1　DS18B20 的工作时序

One-Wire 总线是 DALLAS 公司研发的一种协议。它由一个总线主节点、一个或多个从节点组成系统，通过一根信号线对从芯片进行数据读取。因此其协议对时序的要求比较严格，对读、写和应答时序都有明确的时间要求。在 DS18B20 的 DQ 上有复位脉冲、应答脉冲、写 0、写 1、读 0、读 1 这六种信号类型。除了应答脉冲外，其他都由主机产生，数据位的读和写是通过读、写时序实现的。

1. 初始化时序

初始化时序包括主机发出的复位脉冲和从机发出的应答脉冲，如图 9.7 所示。

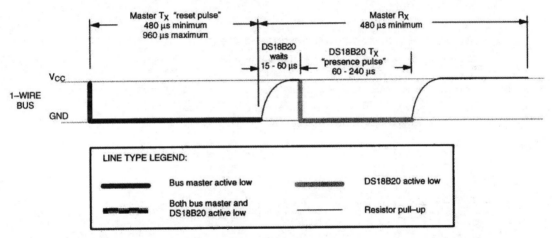

图 9.7　初始化时序

其过程描述如下：

（1）主机先将总线置高电平 1。

（2）延时（该时间要求不是很严格，但是要尽可能短一点）。

（3）主机拉低总线到低电平 0，延时至少 480μs（时间范围 480～960μs）。

（4）主机释放总线，会产生一由低电平跳变为高电平的上升沿。

（5）延时 15～60μs。

（6）单总线器件 DS18B20 通过拉低总线 60～240μs 来产生应答脉冲。

（7）若 CPU 读到数据线上的低电平 0，说明 DS18B20 在线，还要进行延时，其延时的时间从发出高电平算起（第 4 步的时间算起）最少要 480μs。

（8）将数据线再次拉到高电平 1 后结束。

（9）主机就可以开始对从机进行 ROM 命令和功能命令操作。

由于 STC2.0 开发板上 DS18B20 与单片机接口为 P3.2 端口，因此我们先用一条指令申明该端口，即：

```
sbit IO_18B20 = P3^2;
```

定义一个 10μs 的延时程序，用于控制总线时序：

```
void delay10us(unsigned char t){
    do {
        _nop_();
        _nop_();
        _nop_();
        _nop_();
        _nop_();
        _nop_();
        _nop_();
        _nop_();
    } while (--t);
}
```

检测存在脉冲程序如下：

```
bit Get18B20Ack(){
    bit ack;
    IO_18B20 = 0;              //单片机将总线电平拉低
    delay10us(50);            //产生 500μs 复位脉冲
    IO_18B20 = 1;
    delay10us(6);             //延时 60μs
    ack = IO_18B20;           //读取存在脉冲
    while(!IO_18B20);         //等待存在脉冲结束
    return ack;
}
```

2. 写时序

写时序包括写 1 和写 0 两个时序，如图 9.8 所示。

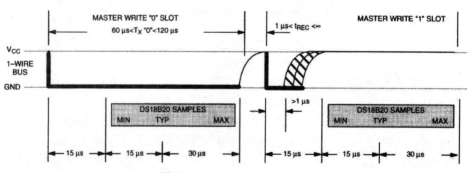

图 9.8   DS18B20 位写入时序

其过程描述如下。

（1）主机拉低数据线为低电平 0。

（2）延时不超过 15μs。

（3）按从低位到高位的顺序发送数据（一次只发送一位），写 1 时主机将总线拉高为高电平 1，写 0 时保持原来的低电平不变。

（4）延时时间为 60μs。

（5）将数据线拉高到高电平 1。

（6）重复步骤 1～5，直到发送完完整的一个字节。

（7）最后将数据线拉高到 1。

写时序参考程序如下：

```
void writeByte (unsigned char dat){
    unsigned char mask;
    for (mask=0x01; mask!=0; mask<<=1) {    //低位在先，依次移出 8 个 bit
    IO_18B20 = 0;                           //产生 2μs 低电平脉冲
    _nop_();_nop_();
    if ((mask&dat) == 0)                    //输出该 bit 值
        IO_18B20 = 0;
    else
        IO_18B20 = 1;
    delay10us(6);                           //延时 60μs
        IO_18B20 = 1;                       //拉高通信引脚
    }
}
```

3．读时序

读时序包括读 0 和读 1 两个时序，如图 9.9 所示。单总线器件仅在主机发出读时序时才向主机传输数据，当主机向单总线器件发出读数据命令后，必须马上产生读时序，以便单总线器件能传输数据，读时序过程描述如下：

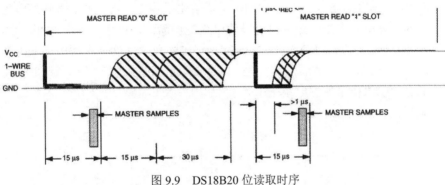

图 9.9　DS18B20 位读取时序

（1）主机将数据线拉高到高电平 1。

（2）延时 2μs。

（3）主机将数据线拉低到低电平 0。

（4）延时 6μs。

（5）主机将数据线拉高到高电平 1。

（6）延时 4μs。

（7）读数据线的状态位，并进行数据处理。

（8）延时 30μs。

（9）重复步骤（1）～（8），直到读取完一个字节。

读时序参考程序如下：

```
unsigned char readByte (){
    unsigned char dat;
```

```
        unsigned char mask;
        for (mask=0x01; mask!=0; mask<<=1) {        //低位在先，依次采集 8 个 bit
            IO_18B20 = 0;                           //产生 2μs 低电平脉冲
            _nop_();_nop_();
            IO_18B20 = 1;                           //结束低电平脉冲，等待 18B20 输出数据
            _nop_(); _nop_();                       //延时 2μs
            if (!IO_18B20)                          //读取通信引脚上的值
                dat &= ~mask;
            else
                dat |= mask;
            delay10us(6);                           //再延时 60μs
        }
        return dat;
    }
```

9.2.2 DS18B20 的应用电路设计

DS18B20 测温系统具有系统简单、测温精度高、连接方便、占用口线少等优点。下面介绍 DS18B20 几个不同应用方式下的测温电路图。

（1）DS18B20 寄生电源供电方式电路图

如图 9.10 所示，在寄生电源供电方式下，DS18B20 在信号线 DQ 处于高电平期间把能量储存在内部电容里，在 DQ 处于低电平期间消耗电容上的电能进行工作，直到高电平到来再给寄生电源（电容）充电。寄生电源供电可以使电路更加简洁，仅用一根 I/O 线即可实现测温。当几个温度传感器挂在同一根 I/O 线上进行多点测温时，只靠 4.7kΩ 上拉电阻就无法提供足够的能量，会造成无法正常工作或者引起误差。因此，图示电路只适合在单一温度传感器测温情况下使用，不适应应用在电池供电系统中。

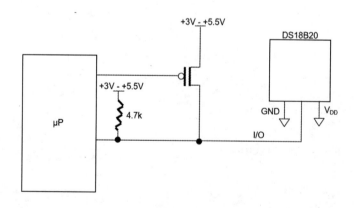

图 9.10 DS18B20 寄生电源供电方式

（2）DS18B20 寄生电源强上拉供电方式电路图

如图 9.11 所示，为了使 DS18B20 在温度转换中获得足够时间的电源供应，当进行温度转换或复制到 EEPROM 操作时，必须在最多 10μs 内把 I/O 线转换到强上拉状态，用 MOSFET 把 I/O 线直接拉到 V_{CC} 就可提供足够的电流。此方式适合多点测量应用，缺点是要多占用一根 I/O 线进行强上拉切换。

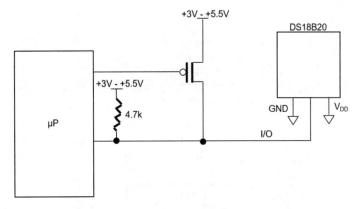

图 9.11　DS18B20 寄生电源强上拉供电电路图

（3）DS18B20 的外部电源供电方式

DS18B20 的外部电源供电方式如图 9.12 所示。在外部电源供电方式下，DS18B20 由 V_{DD} 引脚直接接入外部电源，不存在电源电流不足的问题，工作稳定可靠，抗干扰能力强，可以保证转换精度，同时可以在总线上挂接多个 DS18B20 传感器，组成多点测温系统。

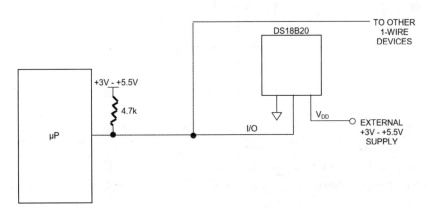

图 9.12　DS18B20 外部供电方式测温电路

9.2.3　DS18B20 的应用实例

DS18B20 的应用中最关键的就是温度转换及处理过程，即完成温度采集及数据处理工作。温度转换及处理的流程图如图 9.13 所示，DS18B20 初始化后，发送启动转换指令，要等待 DS18B20 转换完毕才能读取数据。发送读取命令时需要重新初始化 DS18B20，读取温度值时，首先读到的是低字节，然后是高字节。根据 DS18B20 的数据存储格式，需要对数据处理后才能送入 LED 显示，默认设置下它的分辨率是 0.0625，将 2 个字节合并为 1 个数据，乘以 0.0625 之后，就可以得到真实的十进制温度制。

【例 9.1】在 STC2.0 开发板上实现用 DS18B20 实时检测温度，并将温度实时显示到数码管上（显示两位即可）。

分析：按照时序做好初始化、读字节、写字节的功能函数，按照 DS18B20 温度转换及处理流程进行实时数据转换，送温度至数码管实时显示即可。

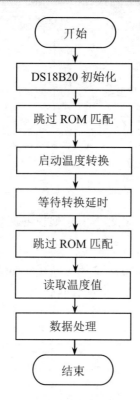

图 9.13　DS18B20 温度转换及处理的流程图

参考程序如下：

```
#include "reg52.h"
#include "intrins.h"
#define uchar unsigned char
#define uint unsigned int
sbit H1 = P1^0;
sbit H2 = P1^1;
sbit IO_18B20 = P3^2;                        //位定义 1-Wire 通信接口
uchar disp[]={0xC0,0xF9,0xA4,0xB0,0x99,0x92,0x82,0xF8,0x80,0x90};
uchar tempValue;

bit initDS18B20();                           //函数声明
void delay10us(uint);
uchar readByte();
void writeByte(uchar);
uchar readTemp();
void display();
void delayMs(uint);

void main(){
    while(1){
        display();
```

```
        tempValue = readTemp();
    }
}
/* 初始化 DS18B20 中要有复位脉冲和存在脉冲 */
bit initDS18B20(){
    bit ack;
    IO_18B20 = 1;
    _nop_();
    _nop_();
    IO_18B20 = 0;
    delay10us(50);
    IO_18B20 = 1;
    delay10us(5);
    ack = IO_18B20;
    delay10us(20);
    IO_18B20 = 1;
    return ack;
}
/* 读一个字节 */
uchar readByte(){
    uchar dat;
    uchar mask;
    for (mask=0x01; mask!=0; mask<<=1){
        IO_18B20 = 0;
        _nop_();
                _nop_();
        IO_18B20 = 1;
        _nop_();
                _nop_();
        if (!IO_18B20)
                    dat &= ~mask;
                else
                    dat |= mask;
        delay10us(6);
    }
    return dat;
}
/* 写一个字节 */
void writeByte(uchar dat){
    uchar mask;
    for (mask=0x01; mask!=0; mask<<=1){
        IO_18B20 = 0;
        _nop_();
                _nop_();
                if ((mask&dat) == 0)
                    IO_18B20 = 0;
```

```
                else
                    IO_18B20 = 1;
                delay10us(6);
                IO_18B20 = 1;
        }
    }
/* 温度转换及读取  */
uchar readTemp(){
    uchar templ,temph,temp;
    initDS18B20();
    writeByte(0xCC);
    writeByte(0x44);
    while(!IO_18B20);
    initDS18B20();
    writeByte(0xCC);
    writeByte(0xBE);
    templ=readByte();
    temph=readByte();
    /*tempInt = temph;
    tempInt <<= 8;
    tempInt |= templ;
    temp = tempInt * 0.0625;*/
    temph <<=4;
    temp = temph+((templ & 0xf0)>>4);
    return temp;
}
/* 延时 10µs */
void delay10us(uint t){
    uchar i;
    do {
        for(i=0;i<12;i++){            //注意 STC12C5A60S2 指令周期是 1T 的
            _nop_();                 //因此一个_nop_() 只有 1/12µs
            _nop_();
            _nop_();
            _nop_();
            _nop_();
            _nop_();
            _nop_();
            _nop_();
        }
    } while (--t);
}
/* 两位数码管显示温度  */
void display(){
    H1 = 0;
    P0 = disp[tempValue%10];
```

```
        delayMs(5);
        H1 = 1;
        H2 = 0;
        P0 = disp[tempValue/10];
        delayMs(5);
        H2 = 1;
}
/*  延时 1ms 函数  */
void delayMs(uint cnt){
        uchar i;
        while(cnt--){
                for(i=0;i<=120;i++);
        }
}
```

将上述程序编译一下，并下载到单片机中，观察运行结果并分析。

任务实施：请充分理解该程序，并在该程序的基础上调整功能，实现温度低于 20°或高于 30°的温度报警，以 LED 闪烁为指示信号，实时温度显示在 LCD1602 上。

拟使用的 LED 报警指示灯为：_____

请列举说明调整和改动的代码段：

附录 A　ASCII 码字符表

十进制数值	十六进制值	终端显示	ASCII 助记名	备注
0	00	^@	NUL	空
1	01	^A	SOH	文件头的开始
2	02	^B	STX	文本的开始
3	03	^C	ETX	文本的结束
4	04	^D	EOT	传输的结束
5	05	^E	ENQ	询问
6	06	^F	ACK	确认
7	07	^G	BEL	响铃
8	08	^H	BS	后退
9	09	^I	HT	水平跳格
10	0A	^J	LF	换行
11	0B	^K	VT	垂直跳格
12	0C	^L	FF	格式馈给
13	0D	^M	CR	回车
14	0E	^N	SO	向外移出
15	0F	^O	SI	向内移入
16	10	^P	DLE	数据传送换码
17	11	^Q	DC1	设备控制 1
18	12	^R	DC2	设备控制 2
19	13	^S	DC3	设备控制 3
20	14	^T	DC4	设备控制 4
21	15	^U	NAK	否定
22	16	^V	SYN	同步空闲
23	17	^W	ETB	传输块结束
24	18	^X	CAN	取消
25	19	^Y	EM	媒体结束
26	1A	^Z	SUB	减
27	1B	^[	ESC	退出
28	1C	^*	FS	域分隔符
29	1D	^]	GS	组分隔符
30	1E	^^	RS	记录分隔符

十进制数值	十六进制值	终端显示	ASCII 助记名	备注
31	1F	^_	US	单元分隔符
32	20	(Space)	Space	
33	21	|	|	
34	22	`	`	
35	23	#	#	
36	24	$		
37	25	%		
38	26	&		
39	27	'		
40	28	(		
41	29	)		
42	2A	*		
43	2B	+		
44	2C	,		
45	2D	-		
46	2E	.		
47	2F	/		
48	30	0		
49	31	1		
50	32	2		
51	33	3		
52	34	4		
53	35	5		
54	36	6		
55	37	7		
56	38	8		
57	39	9		
58	3A	:		
59	3B	;		
60	3C	<		
61	3D	=		
62	3E	>		
63	3F	?		
64	40	@		

十进制数值	十六进制值	终端显示	ASCII 助记名	备注
65	41	A		
66	42	B		
67	43	C		
68	44	D		
69	45	E		
70	46	F		
71	47	G		
72	48	H		
73	49	I		
74	4A	J		
75	4B	K		
76	4C	L		
77	4D	M		
78	4E	N		
79	4F	O		
80	50	P		
81	51	Q		
82	52	R		
83	53	S		
84	54	T		
85	55	U		
86	56	V		
87	57	W		
88	58	X		
89	59	Y		
90	5A	Z		
91	5B	[		
92	5C	"		
93	5D	]		
94	5E	^		
95	5F	_		
96	60	'		
97	61	a		
98	62	b		

十进制数值	十六进制值	终端显示	ASCII 助记名	备注
99	63	c		
100	64	d		
101	65	e		
102	66	f		
103	67	g		
104	68	h		
105	69	i		
106	6A	j		
107	6B	k		
108	6C	l		
109	6D	m		
110	6E	n		
111	6F	o		
112	70	p		
113	71	q		
114	72	r		
115	73	s		
116	74	t		
117	75	u		
118	76	v		
119	77	w		
120	78	x		
121	79	y		
122	7A	z		
123	7B	{		
124	7C	|		
125	7D	}		
126	7E	~		
127	7F	DEL	DEL	Delete

附录 B　单片机 C 语言基础

对于单片机应用技术而言，一要学习系统硬件设计，二要学习编程语言。对于 51 系列单片机来说，其编程语言常用的有两种，一种是汇编语言，一种是 C 语言。汇编语言的机器代码生成效率很高但可读性却不强，复杂一点的程序就更是难以读懂，而 C 语言在大多数情况下其机器代码生成效率和汇编语言相当，但可读性和可移植性却远远超过汇编语言，而且 C 语言还可以嵌入汇编来解决高时效性的代码编写问题。对于开发周期来说，中大型的软件编写用 C 语言的开发周期通常要比汇编语言短很多。综合以上 C 语言的优点，我们选择了 C 语言来学习单片机的软件设计。

一、C51 程序组成的识读

C 语言是面向过程的语言，采用了完全符号化的描述形式，用类似自然语言的形式来描述问题的求解过程，程序有清晰的层次结构。

1.1　C51 的数据结构

在用单片机 C 语言编写程序的过程中，总离不开数据的应用，所以，理解数据类型是很关键的。

1.1.1　C51 的数据类型

在标准 C 语言中基本的数据类型为 char、int、short、long、float 和 double，而在 C51 编译器中 int 和 short 相同，float 和 double 相同，这里就不列出说明了。它们的具体定义见表 1。

表 1　Keil C51 编译器所支持的数据类型

数据类型	长度	值域
unsigned char	单字节	0～255
signed char	单字节	−128～+127
unsigned int	双字节	0～65535
signed int	双字节	−32768～+32767
unsigned long	四字节	0～4294967295
signed long	四字节	−2147483648～+2147483647
float	四字节	$\pm 1.175494E{-}38 \sim \pm 3.402823E{+}38$
*	1～3 字节	对象的地址
bit	位	0 或 1
sfr	单字节	0～255
sfr16	双字节	0～65535
sbit	位	0 或 1

（1）char 字符类型

char 类型的长度是一个字节，通常用于定义处理字符数据的变量或常量。分无符号字符类型 unsigned char 和有符号字符类型 signed char，默认值为 signed char 类型。

unsigned char 类型用字节中所有的位来表示数值，可以表达的数值范围是 0～255。signed char 类型用字节中最高位字节表示数据的符号，0 表示正数，1 表示负数，负数用补码表示。所能表示的数值范围是–128～+127。unsigned char 常用于处理 ASCII 字符或用于处理小于或等于 255 的整型数。

注意：正数的补码与原码相同，负二进制数的补码等于它的绝对值按位取反后加 1。

（2）int 整型

int 整型长度为两个字节，用于存放一个双字节数据。分有符号整型数 signed int 和无符号整型数 unsigned int，默认值为 signed int 类型。signed int 表示的数值范围是–32768～+32767，字节中最高位表示数据的符号，0 表示正数，1 表示负数。unsigned int 表示的数值范围是 0～65535。

（3）long 长整型

long 长整型长度为四个字节，用于存放一个四字节数据。分有符号长整型 signed long 和无符号长整型 unsigned long，默认值为 signed long 类型。signed int 表示的数值范围是–2147483648～+2147483647，字节中最高位表示数据的符号，0 表示正数，1 表示负数。unsigned long 表示的数值范围是 0～4294967295。

（4）float 浮点型

float 浮点型在十进制中具有 7 位有效数字，是符合 IEEE－754 标准的单精度浮点型数据，占用四个字节。

（5）＊指针型

指针型本身就是一个变量，在这个变量中存放着指向另一个数据的地址。这个指针变量要占据一定的内存单元，对不同的处理器长度也不尽相同，在 C51 中它的长度一般为 1～3 个字节。

（6）bit 位标量

bit 位标量是 C51 编译器的一种扩充数据类型，利用它可定义一个位标量，但不能定义位指针，也不能定义位数组。它的值是一个二进制位，不是 0 就是 1，类似一些高级语言中 Boolean 类型中的 True 和 False。

（7）sfr 特殊功能寄存器

sfr 也是一种扩充数据类型，占用一个内存单元，值域为 0～255。利用它可以访问 51 单片机内部的所有特殊功能寄存器。如用 sfr P1 = 0x90 这一句定义 P1 为 P1 端口在片内的寄存器。

（8）sfr16 16 位特殊功能寄存器

sfr16 占用两个内存单元，值域为 0～65535。sfr16 和 sfr 一样用于操作特殊功能寄存器，所不同的是它用于操作占两个字节的寄存器，如定时器 T0 和 T1。

（9）sbit 可位寻址位

sbit 同"位"是 C51 中的一种扩充数据类型，利用它可以访问芯片内部的 RAM 中的可寻址位或特殊功能寄存器中的可寻址位。比如定义：

```
sfr    P1 = 0x90;              // 因 P1 端口的寄存器是可位寻址的，所以我们可以定义
```

```
        sbit   P1_1 = P1 ^ 1;              // P1_1 为 P1 中的 P1.1 引脚
```
    同样，用"sbit P1_1 = 0x91;"可以定义 P1.1 的地址。

1.1.2   C51 中的标识符和关键字

标识符是用来标识源程序中某个对象的名字的，这些对象可以是语句、数据类型、函数、变量、数组等。C 语言是大小字敏感的一种高级语言，假如我们要对单片机的定时器 1 进行定义，可写为"Timer1"，此时，该程序中也有"TIMER1"，那么这两个是完全不同定义的标识符。

标识符由字符串、数字和下划线等组成，注意的是第一个字符必须是字母或下划线，如"1Timer"是错误的，编译时便会有错误提示。有些编译系统专用的标识符是以下划线开头，所以一般不要以下划线开头命名标识符。标识符在命名时应当简单，含义清晰，这样有助于阅读理解程序。在 C51 编译器中，只支持标识符的前 32 位为有效标识。

关键字则是编程语言保留的特殊标识符，其具有固定名称和含义。在程序编写中不允许标识符与关键字相同。

在 Keil μVision 中的关键字除了有 ANSI C 标准的 32 个关键字外，还根据 51 单片机的特点扩展了相关的关键字。其实在 KEIL μVision 的文本编辑器中编写 C 程序，系统可以把保留字以不同颜色显示，默认颜色为天蓝色。标准和扩展的关键字见表 2。

表 2   Keil μ Vision 中标准和扩展的关键字

关键字	用途	说明
auto	存储种类说明	用以说明局部变量，缺省值为此
break	程序语句	退出最内层循环
case	程序语句	switch 语句中的选择项
char	数据类型说明	单字节整型数或字符型数据
const	存储类型说明	在程序执行过程中不可更改的常量值
continue	程序语句	转向下一次循环
default	程序语句	switch 语句中的失败选择项
do	程序语句	构成 do...while 循环结构
double	数据类型说明	双精度浮点数
else	程序语句	构成 if...else 选择结构
enum	数据类型说明	枚举
extern	存储种类说明	在其他程序模块中说明了的全局变量
flost	数据类型说明	单精度浮点数
for	程序语句	构成 for 循环结构
goto	程序语句	构成 go to 转移结构
if	程序语句	构成 if...else 选择结构
int	数据类型说明	基本整型数
long	数据类型说明	长整型数
register	存储种类说明	使用 CPU 内部寄存的变量

关键字	用途	说明
return	程序语句	函数返回
short	数据类型说明	短整型数
signed	数据类型说明	有符号数，二进制数据的最高位为符号位
sizeof	运算符	计算表达式或数据类型的字节数
static	存储种类说明	静态变量
struct	数据类型说明	结构类型数据
swicth	程序语句	构成 switch 选择结构
typedef	数据类型说明	重新进行数据类型定义
union	数据类型说明	联合类型数据
unsigned	数据类型说明	无符号数数据
void	数据类型说明	无类型数据
volatile	数据类型说明	该变量在程序执行中可被隐含地改变
while	程序语句	构成 while 和 do…while 循环语句

1.2　C51 中的常量和变量

1.2.1　C51 中的常量

所谓常量是指在程序运行过程中不能改变的量。常量的数据类型分为整型、浮点型、字符型、字符串型和位标量。

（1）整型常量

整型常量可以用十进制表示，如 456、0、−78 等，也可以用十六进制表示，不过要以 0x 开头如 0x45，−0x4C 等。长整型就在数字后面加字母 L，如 208L、034L、0xF340L 等。

（2）浮点型常量

浮点型常量可分为十进制和指数表示形式。十进制由数字和小数点组成，如 0.888、3345.345、0.0 等，整数或小数部分为 0，可以省略但必须有小数点。指数表示形式为"[±]数字[.数字]e[±]数字"，[ ]中的内容为可选项，其中内容根据具体情况可有可无，但其余部分必须有，如 125e3，7e9，−3.0e−3。

（3）字符型常量

是单引号内的字符，如'a'、'd'等，不可以显示的控制字符，可以在该字符前面加一个反斜杠"\"组成专用转义字符。

（4）符串型常量

由双引号内的字符组成，如"test"、"OK"等。当引号内的没有字符时，为空字符串。在使用特殊字符时同样要使用转义字符如双引号。在 C 中字符串常量是作为字符类型数组来处理的，在存储字符串时系统会在字符串尾部加上"\0"转义字符以作为该字符串的结束符。

（5）位标量

位标量的值是一个二进制。

常量可用在不必改变值的场合，如固定的数据表、字库等。常量的定义方式有以下几种：

```
#difine False 0x0;        // 用预定义语句可以定义常量
#difine True 0x1;         // 这里定义 False 为 0，True 为 1，即在程序中用到 False 编译时自动
                             用 0 替换，True 替换为 1
unsigned int code a=100;  //这一句用 code 把 a 定义在程序存储器中并赋值
const unsigned int c=100;  //用 const 定义 c 为无符号 int 常量并赋值
```

以上两句它们的值都保存在程序存储器中，而程序存储器在运行中是不允许被修改的，所以如果在这两句后面用了类似 a=110，a++这样的赋值语句，编译时将会出错。

1.2.2　C51 中的变量

所谓变量，就是一种在程序执行过程中其值能不断变化的量。要在程序中使用变量必须先用标识符作为变量名，并指出所用的数据类型和存储模式，这样编译系统才能为变量分配相应的存储空间。定义一个变量的格式：

[存储种类]　数据类型　[存储器类型]　变量名表

在定义格式中除了数据类型和变量名表是必要的，其他都是可选项。存储种类有四种：自动（Auto）、外部（Extern）、静态（Static）和寄存器（Register），缺省类型为自动（Auto）。

说明了一个变量的数据类型后，还可选择说明该变量的存储器类型。存储器类型的说明就是指定该变量在 C51 硬件系统中所使用的存储区域，并在编译时准确地定位。表 3 中是 Keil μVision 所能认别的存储器类型。注意的是在 AT89S51 芯片中 RAM 只有低 128 位，位于 80H 到 FFH 的高 128 位则在 52 芯片中才有用，并和特殊寄存器地址重叠。

表 3　Keil μVision 所能认别的存储器类型

存储器类型		说　　明
片内数据存储器	data	直接访问内部数据存储器（128 字节），访问速度最快
	bdata	可位寻址内部数据存储器，位于片内 RAM 为寻址区（20H～2FH）
	idata	间接访问内部数据存储器（256 字节），允许访问全部内部地址
片外数据存储器	pdata	分页访问外部数据存储器（256 字节）
	xdata	访问外部数据存储器 64KB
程序存储器	code	程序存储器 64KB

如果省略存储器类型，系统则会按编译模式 SMALL、COMPACT 或 LARGE 所规定的默认存储器类型去指定变量的存储区域。

无论什么存储模式都可以声明变量在 80c51 存储区的任何范围，然后把最常用的命令（如循环计数器、队列索引）放在内部数据区可以显著地提高系统性能。需要指出的就是变量的存储种类与存储器类型是完全无关的。

SMALL 存储模式把所有函数变量和局部数据段放在 80c51 系统的内部数据存储区，这使访问数据非常快，但 SMALL 存储模式的地址空间受限。在写小型的应用程序时，变量和数据放在 data 内部数据存储器中是很好的，因为访问速度快，但在较大的应用程序中 data 区最好只存放小的变量、数据或常用的变量（如循环计数、数据索引），而大的数据则放置在别的存储区域。

COMPACT 存储模式中所有的函数、程序变量和局部数据段定位在 80c51 系统的外部数据存储区。外部数据存储区最多可有 256 字节（一页）。

LARGE 存储模式所有函数、过程的变量和局部数据段都定位在 80c51 系统的外部数据区，外部数据区最多可有 64KB，要用数据指针访问数据。

（1）数组变量

所谓数组就是指具有相同数据类型的变量集，并拥有共同的名字。数组中的每个特定元素都使用下标来访问。数组由一段连续的存贮地址构成，最低的地址对应第一个数组元素，最高的地址对应最后一个数组元素。数组可以是一维的，也可以是多维的。

1）一维数组

一维数组的说明格式是：

    类型 变量名[长度];

类型是指数据类型，即每一个数组元素的数据类型，包括整数型、浮点型、字符型、指针型以及结构和联合。例如：

    int a[16];
    unsigned long a[20];
    char *s[5];
    char *f[];

说明：

①数组都是以 0 作为第一个元素的下标，因此，当说明一个 int a[16]的整型数组时，表明该数组有 16 个元素，a[0]~a[15]，一个元素为一个整型变量。

②大多数字符串用一维数组表示。数组元素的多少表示字符串长度，数组名表示字符串中第一个字符的地址。假如在语句 char str[8]的数组中存入"hello"字符串，则 str[0]存放的是字母"h"的 ASCII 码值，以此类推，str[4]存入的是字母"o"的 ASCII 码值，str[5]则应存放字符串终止符'\0'。

③C 语言对数组不作边界检查。例如用下面语句说明两个数组。

    char str1[4], str2[5];

当赋给 str1 一个字符串" welcome "时，只有"welcome"被赋给 str1，"0"将会自动的赋给 str2，这点应特别注意。

（2）多维数组

多维数组的一般说明格式是：

    类型 数组名[第 n 维长度][第 n-1 维长度]......[第 1 维长度];

例如：

    int m[3][2];   /*定义一个整数型的二维数组*/
    char c[2][2][3];   /*定义一个字符型的三维数组*/

数组 m[3][2]共有 3×2=6 个元素，顺序为：

    m[0][0], m[0][1], m[1][0], m[1][1], m[2][0], m[2][1];

数组 c[2][2][3]共有 2×2×3=12 个元素，顺序为：

    c[0][0][0], c[0][0][1], c[0][0][2],
    c[0][1][0], c[0][1][1], c[0][1][2],
    c[1][0][0], c[1][0][1], c[1][0][2],
    c[1][1][0], c[1][1][1], c[1][1][2],

数组占用的内存空间（即字节数）的计算式为：

字节数=第 1 维长度×第 2 维长度×...×第 n 维长度×该数组数据类型占用的字节数

（2）变量的初始化

变量的初始化是指变量在被说明的同时赋给一个初值。C 语言中外部变量和静态全程变量在程序开始处被初始化，局部变量包括静态局部变量是在进入定义它们的函数或复合语句时才作初始化。所有全程变量在没有明确的初始化时将被自动清零，而局部变量和寄存器变量在未赋值前其值是不确定的。

对于外部变量和静态变量，初值必须是常数表达式，而自动变量和寄存器变量可以是任意的表达式，这个表达式可以包括常数和前面说明过的变量和函数。

1）单个变量的初始化

例如：

```
float f0, f1=0.2;          /*定义全程变量，在初始化时 f0 被清零，f1 被赋值 0.2*/
main( )
{
static int i=10, j;        /*定义静态局部变量，初始化时 i 被赋值 10，j 不确定*/
int k=i*5;                 /*定义局部变量，初始化时 k 被赋值 10×5=50*/
char c='y';                /*定义字符型指针变量并初始化*/
…}
```

2）数组变量的初始化

例如：

```
main( )
{
int p[2][3]={{2, -9, 0}, {8, 2, -5}};        /*定义数组 p 并初始化*/
int m[2][4]={{27, -5, 19, 3}, {1, 8, -14, -2}};    /*定义数组 m 并初始化*/
char *f[]={'A', 'B', 'C'};                   /*定义数组 f 并初始化*/
…}
```

从上例可以看出，数组进行初始化有下述规则：

①数组的每一行初始化赋值用"{}"并用","分开，总的再加一对"{}"括起来，最后以";"表示结束。

②多维数组存储是连续的，因此可以用一维数组初始化的办法来初始化多维数组。

例如：int x[2][3]={1, 2, 3, 4, 5, 6};   /*用一维数组来初始化二维数组*/

对数组初始化时，如果初值表中的数据个数比数组元素少，则不足的数组元素用 0 来填补。

③对指针型变量数组可以不规定维数，在初始化赋值时，数组维数从 0 开始被连续赋值。

例如：char *f[ ]={'a', 'b', 'c'};初始化时给 3 个字符指针赋值，即：*f[0]='a'，*f[1]='b'，*f[2]='c'.

3）指针型变量的初始化

例如：

```
main( )
{
int *i=7899;   /*定义整型数指针变量并初始化*/
float *f=3.1415926;   /*定义浮点数指针变量并初始化*/
char *s="Good";   /*定义字符型指针变量并初始化*/
…}
```

（3）变量的赋值

变量赋值是给已说明的变量赋一个特定值。

1）单个变量的赋值

①整型变量和浮点变量

赋值格式：

　　　　变量名=表达式;

例如：

```
main()
{
int a, m;              /*定义局部整型变量 a, m*/
float n;               /*定义局部浮点变量 f*/
a=100, m=20;           /*给变量赋值*/
n=a * m * 0.1;
…}
```

说明：

Turbo C2.0 中给多个变量赋同一值时可用连等的方式。

例如：

```
main()
{
int a, b, c;
a=b=c=0; /*同时给 a,b,c 赋值*/
…}
```

②字符型变量

字符型变量可以用三种方法赋值。

例如：

```
main()
{
char a0, a1, a2;       /*定义局部字符型变量 a0, a1, a2*/
a0='b';                /*将字母 b 赋给 a0*/
a1=50;                 /*将数字 50 赋给 a1*/
a2='\x0d';             /*将回车符赋给 a2*/
…}
```

③指针型变量

例如：

```
main()
{
int *i;
char *str;
*i=100;
str="Good";
…}
```

*i 表示 i 是一个指向整型数的指针，即*i 是一个整型变量，i 是一个指向该整型变量的地址。

*str 表示 str 是一个字符型指针，即保留某个字符地址。在初始化时，str 没有什么特殊的值，而在执行 str="Good"时，编译器先在目标文件的某处保留一个空间存放"Good\0"的字符串，然后把这个字符串的第一个字母"G"的地址赋给 str，其中字符串结尾符"\0"是编译程序自动加上的。

对于指针变量的使用要特别注意。上例中两个指针在说明前没有初始化，因此这两指针为随机地址，在小存储模式下使用将会有破坏机器的危险。正确的使用办法如下：

```
main()
{
int *i;
char *str;
i=(int*)malloc(sizeof(int));
i=420;
str=(char*)malloc(20);
str="Good, Answer!";
…}
```

上例中，函数(int*)malloc(sizeof(int))表示分配连续的 sizeof(int)=2 个字节的整型数存储空间并返回其首地址。同样(char*)malloc(20)表示分配连续 20 个字节的字符存储空间并返回首地址（有关该函数以后再详述）。由动态内存分配函数 malloc()分配了内存空间后，这部分内存将专供指针变量使用。

如果要使 i 指向三个整型数，则用下述方法：

```
#include<alloc.h>
main( )
{
int *a;
a=(int*)malloc(3*sizeof(int));
*a=1234;
*(a+1)=4567;
*(a+2)=234;
…}
```

i=1234 表示把 1234 存放到 i 指向的地址中去，但对于(i+1)=4567，如果认为是将 4567 存放到 i 指向的下一个字节中就错了。

Turbo C2.0 中只要说明 i 为整型指针，则(i+1)等价于 i+1*sizeof(int)，同样(i+2)等价于 i+2*sizeof(int)。

2）数组变量的赋值

①整型数组和浮点数组的赋值

```
main()
{
int m[2][2];
float n[3];
m[0][0]=0, m[0][1]=17, m[1][0]=21;/*数组元素赋值*/
n[0]=1011.5, n[1]=-11.29, n[2]=0.7;
…}
```

②字符串数组的赋值

```
main()
{
char s[30];
strcpy(s, "Good News!"); /*给数组赋字符串*/
…}
```

注意：字符串数组不能用 "="直接赋值，即 s="Good News!"是不合法的。所以应分清字符串数组和字符串指针的不同赋值方法。

③指针数组的赋值

```
main()
{
char *f[2];
int *a[2];
f[0]="thank you";          /*给字符型数组指针变量赋值*/
f[1]="Good Morning";
*a[0]=1, *a[1]=-11;        /*给整型数数组指针变量赋值*/
…}
```

1.3　C51 中的函数

函数是指程序中的一个模块，C 程序就是由一个个模块化的函数构成，main()函数为程序的主函数，其他若干个函数可以理解为一些子程序。C51 的程序结构与标准 C 语言相同。总的来说，一个 C51 程序就是一堆函数的集合，在这个集合当中，有且只有一个名为 main 的函数（主函数）。如果把一个 C51 程序比作一本书，那么主函数就相当于书的目录部分，其他函数就是章节，主函数中的所有语句执行完毕，则总的程序执行结束。

C51 函数定义的一般格式如下：

```
类型 函数名（参数表）
参数说明;
{
    数据说明部分;
    执行语句部分;
}
```

一个函数在程序中可以有三种形态：函数定义、函数调用和函数说明。函数定义和函数调用不分先后，但若调用在定义之前，那么在调用前必须先进行函数说明。函数说明是一个没有函数体的函数定义，而函数调用则要求有函数名和实参数表。

C51 中函数分为两大类，一类是库函数，一类是用户定义函数，这与标准 C 是一样的。库函数是 C51 在库文件中已定义的函数，其函数说明在相关的头文件中。对于这类函数，用户在编程时只要用 include 预处理指令将头文件包含在用户文件中，直接调用即可。用户函数是用户自己定义和调用的一类函数。

总结一下 C51 的结构特点如下：

（1）C51 程序是由函数构成的。函数是 C51 程序的基本单位。

（2）一个函数由两部分组成：

1）函数说明部分。包括函数名、函数类型、函数属性、函数参数（形参）名、形式参数类型。一个函数名后面必须跟一个圆括号，函数参数可以没有，如 main()。

2）函数体。即函数说明下面的大括号之内的部分。

（3）一个 C51 程序总是从 main 函数开始执行，而不论 main 函数在整个程序中所处的位置如何。

（4）C51 程序书写格式自由，一行内可以写几个语句，一个语句可以分写在几行上。

（5）每个语句和数据定义（记住不是函数定义）的最后必须有一个分号";"。分号是 C51 语句的必要组成部分。分号不可少，即使是程序中的最后一个语句也应包含分号。

（6）C51 本身没有输入输出语句。标准的输入和输出（通过串行口）是由 scanf 和 printf 等库函数来完成的。对于用户定义的输出，比如直接以输出端口读取键盘输入和驱动 LED，则需要自行编制输出函数。

（7）可以用"/*……*/"对 C51 程序中的任何部分作注释。在 Keil μVision 2 中，还可以使用"//"进行单行注释。

例如：

```
/* 这是一个 C51 程序的例子 */
#include <reg51.h>              //使用 include 预处理伪指令将所需库函数包含进来
unsigned int rate;             //变量定义
unsigned int fetch_rate(void); //函数说明
main()
{
    char loam;
    do
    {
        rate = fetch_rate();   //函数调用
    }
    while(1);
}
unsigned int fetch_rate(void); //函数定义
{
    unsigned int loam;
    loam = loam++;
    return loam;
}
```

二、运算符和表达式的识读

运算符就是完成某种特定运算的符号。运算符按其表达式中与运算符的关系可分为单目运算符，双目运算符和三目运算符。单目就是指需要有一个运算对象，双目就要求有两个运算对象，三目则要三个运算对象。

表达式是由运算及运算对象所组成的具有特定含义的式子。C 语言是一种表达式语言，表达式后面加";"号就构成了一个表达式语句。

2.1 赋值运算符

在 C 语言中用"="这个符号来表示赋值运算符，就是将数据赋给变量。如 x=10；由此可见，利用赋值运算符将一个变量与一个表达式连接起来的式子为赋值表达式，在表达式后面加";"便构成了赋值语句。使用"="的赋值语句格式如下：

变量 ＝ 表达式；

示例如下：

```
a = 0xFF；        //将十六进制常数 FF 赋值给变量 a
b = c = 33；      //同时赋值给变量 b、c
d = e；          //将变量 e 的值赋给变量 d
f = a+b；        //将变量 a+b 的值赋给变量 f
```

赋值语句的意义就是先计算出"＝"右边的表达式的值，然后将得到的值赋给左边的变量。而且右边的表达式可以是一个赋值表达式。

一些人会把"=="与"="这两个符号混淆，编译报错往往就是错在 if (a=x)之类的语句中，错将"="用为"=="。"=="符号是用来进行相等关系运算的。

2.2　算术、增减量运算符

对于 a+b、a/b 这样的表达式大家都很熟悉，用在 C 语言中"+""/"就是算术运算符。C51 中的算术、增减量运算符见表 4，其中只有取正值和取负值运算符是单目运算符，其他都是双目运算符。

表 4　算术/增减量运算符

操作符	作用说明	操作符	作用说明
+	加或取正值运算符	%	取余运算符
−	减或取负值运算符	--	减 1
*	乘运算符	++	加 1
/	除运算符		

算术表达式的形式：

表达式 1　算术运算符　表达式 2

如：a+b*(10-a)、(x+9) / (y-a)。

除法运算符和一般的算术运算规则有所不同，如是两浮点数相除，其结果为浮点数，如 11.0/20.0 所得值为 0.5，而两个整数相除时，所得值就是整数，如 7/3，所得值为 2。像别的语言一样 C 语言的运算符也有优先级和结合性，同样可用括号"()"来改变优先级。

2.3　关系运算符

关系运算符反映的是两个表达式之间的大、小、等于关系，在 C 中有 6 种关系运算符：

　　>　大于

　　<　小于

　　>=　大于等于

　　<=　小于等于

　　==　等于

　　!=　不等于

这里的运算符有着优先级别。前四个具有相同的优先级，后两个也具有相同的优先级，但是前四个的优先级要高于后两个的。

当两个表达式用关系运算符连接起来时，就变成了关系表达式。关系表达式通常是用来判别某个条件是否满足。要注意的是关系运算符的运算结果只有 0 和 1 两种，也就是逻辑的真与假，当指定的条件满足时结果为 1，不满足时结果为 0。

形式为：

表达式 1　关系运算符　表达式 2

如：I<J、I= =J、(I = 4)>(J = 3)、J+I>J。

2.4　逻辑运算符

逻辑运算符是用于求条件式的逻辑值的。用逻辑运算符将关系表达式或逻辑量连接起来就是逻辑表达式了。逻辑表达式的一般形式为：

逻辑与：

条件式 1　&&　条件式 2

逻辑或：

条件式 1　||　条件式 2

逻辑非：

! 条件式 2

逻辑与就是当条件式 1"与"条件式 2 都为真时，结果为真（非 0 值），否则为假（0 值）。也就是说运算会先对条件式 1 进行判断，如果为真（非 0 值），则继续对条件式 2 进行判断，当结果为真时，逻辑运算的结果为真（值为 1），如果结果不为真时，逻辑运算的结果为假（0 值）。如果在判断条件式 1 时就不为真的话，就不用再判断条件式 2 了，而直接给出运算结果为假。逻辑关系见表 5。

逻辑或是指只要两个运算条件中有一个为真时，运算结果就为真，只有当条件式都不为真时，逻辑运算结果才为假。逻辑关系见表 5。

逻辑非则是把逻辑运算结果值取反，也就是说如果两个条件式的运算值为真，进行逻辑非运算后则结果变为假，条件式运算值为假时最后逻辑结果为真。逻辑关系见表 5。

表 5　逻辑运算符

条件式		逻辑与	逻辑或	逻辑非
条件式 1	条件式 2	条件式 1 && 条件式 2	条件式 1 || 条件式 2	! 条件式 2
0	0	0	0	1
0	1	0	1	0
1	0	0	1	1
1	1	1	1	0

同样逻辑运算符也有优先级别，!（逻辑非）→&&（逻辑与）→||（逻辑或），逻辑非的优先值最高。

2.5　位运算符

位运算符的作用是按位对变量进行运算，但是并不改变参与运算的变量的值。如果要求按位改变变量的值，则要利用相应的赋值运算。还有就是位运算符是不能用来对浮点型数据进行操作的。C51 中共有 6 种位运算符，分别如下：

~：按位取反

<<：左移

>>：右移

&：按位与

^：按位异或

|：按位或

位运算一般的表达形式：

　　　变量 1 位运算符　变量 2

位运算符也有优先级，从高到低依次是：~（按位取反）→<<（左移）→>>（右移）→&（按位与）→^（按位异或）→|（按位或）。

设 X 为变量 1，Y 为变量 2，则各种位运算的结果见表 6。

表 6　位逻辑运算符的真值表

变量 1	变量 2	按位取反	按位取反	按位与	按位或	按位异或
X	Y	~X	~Y	X&Y	X|Y	X^Y
0	0	1	1	0	0	0
0	1	1	0	0	1	1
1	0	0	1	0	1	1
1	1	0	0	1	1	0

2.6　复合赋值运算符

复合赋值运算符就是在赋值运算符 "=" 的前面加上其他运算符。C 语言中的复合赋值运算符如下：

```
+=    加法赋值      >> =   右移位赋值
-=    减法赋值      & =    逻辑与赋值
*=    乘法赋值      |=     逻辑或赋值
/=    除法赋值      ^ =    逻辑异或赋值
%=    取模赋值      !=     逻辑非赋值
<<=   左移位赋值
```

复合运算的一般形式为：

　　　变量　复合赋值运算符　表达式

其含义就是变量与表达式先进行运算符所要求的运算，再把运算结果赋值给参与运算的变量。其实这是 C 语言中一种简化程序的方法，凡是二目运算都可以用复合赋值运算符去简化表达。例如：

a+=56　等价于　　a = a+56

y/=x+9　等价于　　y = y / (x+9)

很明显采用复合赋值运算符会降低程序的可读性，但这样却可以使程序代码简单化，并能提高编译的效率。对于初学者在编程时最好还是根据自己的理解力和习惯去使用程序表达的方式，不要一味追求程序代码的短小。

2.7　逗号运算符

在 C 语言中，如 "int a，b，c" 这些例子说明逗号用于分隔表达式。但在 C51 语言中，逗号还是一种特殊的运算符，也就是逗号运算符，可以用它将两个或多个表达式连接起来，形成逗号表达式。逗号表达式的一般形式为：

表达式 1，表达式 2，表达式 3，……，表达式 n

这样用逗号运算符组成的表达式在程序运行时，是从左到右计算出各个表达式的值，而整个用逗号运算符组成的表达式的值等于最右边表达式的值，也就是"表达式 n"的值。在实际的应用中，大部分情况下，使用逗号表达式的目的只是为了分别得到各个表达式的值，而并不一定要得到和使用整个逗号表达式的值。

需要注意的是：并不是在程序的任何位置出现的逗号，都可以认为是逗号运算符。如函数中的参数，同类型变量的定义中的逗号只是用来间隔而不是逗号运算符。

2.8　条件运算符

条件运算符"?:"是 C51 中唯一的一个三目运算符，它要求有三个运算对象。用它以把三个表达式连接构成一个条件表达式。

条件表达式的一般形式如下：

逻辑表达式?　表达式 1：表达式 2

条件运算符的作用是根据逻辑表达式的值选择使用表达式的值。当逻辑表达式的值为真（非 0 值）时，整个表达式的值为表达式 1 的值；当逻辑表达式的值为假（值为 0）时，整个表达式的值为表达式 2 的值。

需要注意的是：条件表达式中逻辑表达式的类型可以与表达式 1 和表达式 2 的类型不一样。下面是一个逻辑表达式的例子。

如有 a=1，b=2，我们要求取 ab 两数中的较小的值放入 min 变量中，也许你会这样写：

if (a<b)

min = a;

else

min = b;　//这一段的意思是当 a<b 时 min 的值为 a 的值，否则为 b 的值。

用条件运算符去构成条件表达式就变得简单明了了：

min = (a<b)？a : b

很明显它的结果和含意都和上面的一段程序是一样的，但是代码却比上一段程序少很多，编译的效率也相对要高，但有着和复合赋值表达式一样的缺点就是可读性相对效差。

2.9　指针和地址运算符

指针是 C 语言中一个十分重要的概念，C51 中专门规定了一种指针类型的数据。变量的指针就是该变量的地址，也可以说是一个指向某个变量的指针变量。C51 中提供了两个专门用于指针和地址的运算符："*"（取内容）和"&"（取地址）。

取内容和取地址的一般形式分别为：

变量= * 指针变量

指针变量=&目标变量

取内容运算是将指针变量所指向的目标变量的值赋给左边的变量；取地址运算是将目标变量的地址赋给左边的变量。

需要注意的是：指针变量中只能存放地址（也就是指针型数据），一般情况下不要将非指针类型的数据赋值给一个指针变量。

2.10　sizeof 运算符

sizeof 是用来求数据类型、变量或是表达式的字节数的一个运算符，但它并不像"＝"

之类运算符那样在程序执行后才能计算出结果，它是直接在编译时产生结果的。它的语法如下：

　　　　sizeof (数据类型)

　　　　sizeof (表达式)

下面是两句应用例句，程序大家可以试着编写一下。

　　　　printf("char 是多少个字节? %bd　字节\n",sizeof(char));

　　　　printf("long 是多少个字节? %bd　字节\n",sizeof(long));

结果是：

char 是多少个字节? 1 字节

long 是多少个字节? 4 字节

2.11　强制类型转换运算符

在 C51 程序中进行算术运算时，需要注意数据类型的转换，数据类型转换分为隐式转换和显示转换。

隐式转换是在程序进行编译时由编译器自动去处理完成的。所以有必要了解隐式转换的规则：

（1）变量赋值时发生的隐式转换，"＝"号右边的表达式的数据类型转换成左边变量的数据类型。

（2）所有 char 型的操作数转换成 int 型。

（3）两个具有不同数据类型的操作数用运算符连接时，隐式转换会按以下次序进行：如有一操作数是 float 类型，则另一个操作数也会转换成 float 类型；如果一个操作数为 long 类型，另一个也转换成 long；如果一个操作数是 unsigned 类型，则另一个操作会被转换成 unsigned 类型。

从上面的规则可以大概知道有哪几种数据类型是可以进行隐式转换的。在 C51 中只有 char、int、long 及 float 这几种基本的数据类型可以被隐式转换。而其他的数据类型就只能用显示转换。

三、程序结构及流程控制语句的识读

任何一种程序设计语言都具有特定的语法规则和规定的表达方法。一个程序只有严格按照语言规定的语法和表达方式编写，才能保证编写的程序在计算机中能正确地执行，同时也便于阅读和理解。C51 程序基本结构有 3 种：顺序结构、分支结构与循环结构。

3.1　顺序结构

顺序结构是一种最简单的结构。其特点是：

（1）执行过程是按顺序从第一条语句执行到最后一条语句。

（2）在程序运行的过程中，顺序结构程序中的任何一个可执行语句都要运行一次，而且也只能运行一次。

3.2　分支结构

分支结构也称为选择结构，用于判断给定的条件，根据判断的结果来控制程序的流程。使用选择结构语句时，要用条件表达式来描述条件。

选择结构的语句有：条件语句、开关语句等。

（1）条件语句

条件语句的一般形式为：

```
if( 表达式 )
{
    语句 1;
}
else
{
    语句 2;
}
```

上述结构表示：如果表达式的值为非 0（TURE）即真，则执行语句 1，执行完语句 1 从语句 2 后开始继续向下执行；如果表达式的值为 0（FALSE）即假，则跳过语句 1 而执行语句 2，执行完语句 2 后继续向下执行。

所谓表达式是指关系表达式和逻辑表达式的结合式。

注意：

1）条件执行语句中"else   语句 2;"部分是选择项，可以缺省，此时条件语句变成：

```
If(表达式)  语句 1;     //表示若表达式的值为非 0，则执行语句 1，否则跳过语句 1 继续执行
```

2）如果语句 1 或语句 2 有多于一条语句要执行时，必须使用"{"和"}"把这些语句包括在其中，此时条件语句形式为：

```
if(表达式)
{
    语句体 1;
}
else
{
    语句体 2;
}
```

3）条件语句可以嵌套，这种情况经常碰到，但条件嵌套语句容易出错，其原因主要是不知道哪个 if 对应哪个 else。例如：

```
if (x >20 || x < -10)
if (y<=100 && y>x)
    printf("Good");
else
    printf("Bad");
```

对于上述情况规定：else 语句与最近的一个 if 语句匹配，上例中的 else 与 if(y<=100&&y>x) 相匹配。为了使 else 与 if(x>20||x<-10) 相匹配，必须用花括号，如下所示：

```
if (x >20 || x < -10)
{
    if( y<=100 && y>x)
    printf("Good");
}
    else
```

```
        printf("Bad");
```

4）可用阶梯式 if-else-if 结构，阶梯式结构的一般形式为：

```
    if(表达式  1)
        语句  1;
    else if(表达式 2)
        语句 2;
    else if(表达式  3)
        语句  3;
            .
            .
            .
    else
        语句 n;
```

这种结构是从上到下逐个对条件进行判断，一旦发现条件满点足就执行与它有关的语句，并跳过其他剩余阶梯；若没有一个条件满足，则执行最后一个 else 语句 n。最后这个 else 常起着"缺省条件"的作用。同样，如果每一个条件中有多于一条语句要执行时，必须使用"{"和"}"把这些语句包括在其中。

（2）开关语句

在编写程序时，经常会碰到按不同情况分转的多路问题，这时可用嵌套 if-else-if 语句来实现，但 if-else-if 语句使用不方便，并且容易出错。对这种情况，应该应用开关语句。开关语句格式为：

```
    switch (变量)
    {
        case  常量 1：
          语句 1  或空；
        case  常量 2：
          语句 2  或空；
            .
            .
          . case    常量 n：
          语句 n  或空；
        Default：
            语句 n+1  或空；
    }
```

执行 switch 开关语句时，将变量逐个与 case 后的常量进行比较，若与其中一个相等，则执行该常量下的语句，若不与任何一个常量相等，则执行 default 后面的语句。

注意：

1）switch 中变量可以是数值，也可以是字符。

2）可以省略一些 case 和 default。

3）每个 case 或 default 后的语句可以是语句体，但不需要使用"{"和"}"括起来。

例如：

```
    main()
    {
```

```
                int test;
                for(test=0; test<=10; test++)
                {
                    switch(test)                /*变量为整型数的开关语句*/
                    {
                        case 1:
                            printf("%d\n", test);
                            break;              /*退出开关语句*/
                        case 2:
                            printf("%d\n", test);
                            break;
                        case 3:
                                printf("%d\n", test);
                            break;
                        default:
                            puts("Error");
                            break;
                    }
                }
            }
```

3.3 循环结构

循环结构是程序设计中的一种基本结构。当程序中出现需要反复执行相同的代码时，就要用到这种结构。循环结构既可以简化程序，又可以提高程序的效率。循环结构的语句有：for 语句、while 语句和 do…while 语句。

（1）for 循环

for 循环是开界的。它的一般形式为：

for (<初始化>；<条件表达式>；<增量>)
    语句；

初始化总是一个赋值语句，它用来给循环控制变量赋初值；条件表达式是一个关系表达式，它决定什么时候退出循环；增量定义循环控制变量每循环一次后按什么方式变化。这三个部分之间用"；"分开。

例如：

for (i=1; i<=10; i++)
    语句；

上例中先给 i 赋初值 1，判断 i 是否小于等于 10，若是则执行语句，之后值增加 1。再重新判断，直到条件为假，即 i>10 时，结束循环。

注意：

1）for 循环中语句可以为语句体，但要用"{"和"}"将参加循环的语句括起来。

2）for 循环中的"初始化""条件表达式"和"增量"都是选择项，即可以缺省，但"；"不能缺省。省略了初始化，表示不对循环控制变量赋初值。省略了条件表达式，则不做其他处理时便成为死循环。省略了增量，则不对循环控制变量进行操作，这时可在语句体中加入修改循环控制变量的语句。

3）for 循环可以有多层嵌套。

例如:

```
main()
    {
        int i, j, k;
        printf("i j k\n");
        for (i=0; i<2; i++)
          for(j=0; j<2; j++)
            for(k=0; k<2; k++)
                printf(%d %d %d\n", i, j, k);
    }
```

输出结果为:

```
i  j  k
0  0  0
0  0  1
0  1  0
0  1  1
1  0  0
1  0  1
1  1  0
1  1  1
```

（2）while 循环

while 循环的一般形式为:

```
while (条件)
    语句;
```

while 循环表示当条件为真时，便执行语句。直到条件为假才结束循环。并继续执行循环程序外的后续语句。例如:

```
#include<stdio.h>
main()
{
    char c;
    c="\0";                /*初始化 c*/
    while (c!="\X0D")      /*回车结束循环*/
    c=getche();            /*带回显地从键盘接收字符*/
}
```

程序中 while 循环是以检查 c 是否为回车符开始，因其事先被初始化为空，所以条件为真，进入循环等待键盘输入字符；一旦输入回车，则 c= "\X0D"，条件为假，循环便告结束。

与 for 循环一样，while 循环总是在循环的头部检验条件，这就意味着循环可能什么也不执行就退出。

注意:

1）在 while 循环体内也允许空语句。例如:

```
while((c=getche())!="\X0D");
```

这个循环直到键入回车为止。

2）可以有多层循环嵌套。

3）语句可以是语句体，此时必须用"{"和"}"括起来。例如：

```
#include<stdio.h>
main( )
{
    char c, fname[13];
    FILE *fp;                        /*定义文件指针*/
    printf("File name:");            /*提示输入文件名*/
    scanf("%s", fname);              /*等待输入文件名*/
        fp=fopen(fname, "r");        /*打开文件只读*/
    while ((c=fgetc(fp)!=EOF)        /*读取一个字符并判断是否到文件结束*/
    putchar(c);                      /*文件未结束时显示该字符*/
)
```

（3）do…while 循环

Do…while 循环的一般格式为：

```
do
    语句；
While (条件)；
```

这个循环与 while 循环的不同在于它先执行循环中的语句，然后再判断条件是否为真，如果为真则继续循环；如果为假，则终止循环。因此，do…while 循环至少要执行一次循环语句。同样当有许多语句参加循环时，要用"{"和"}"把它们括起来。

（4）break、continue 语句

1）break 语句

break 语句通常用在循环语句和开关语句中。当 break 用于开关语句中时，可使程序跳出 switch 而执行 switch 以后的语句；如果没有 break 语句，则将成为一个死循环而无法退出。

当 break 语句用于 do…while、for、while 循环语句中时，可使程序终止循环而执行循环后面的语句，通常 break 语句总是与 if 语句联在一起。即满足条件时便跳出循环。

例如：

```
main()
{
    int i=0;
    char c;
    while(1)                         /*设置循环*/
    {
        c="\0";                      /*变量赋初值*/
        while(c!=13&&c!=27)          /*键盘接收字符直到按回车或 Esc 键*/
        {
            c=getch();
            printf("%c\n", c);
        }
        if(c= =27)
            break;                   /*判断若按 Esc 键则退出循环*/
            i++;
        printf("The No. is %d\n", i);
    }
```

```
        printf("The end");
    }
```

注意：

①break 语句对 if…else 的条件语句不起作用。

②在多层循环中，一个 break 语句只向外跳一层。

2）continue 语句

continue 语句的作用是跳过循环本次剩余的语句而强行执行下一次循环。

continue 语句只用在 for、while、do…while 等循环体中，常与 if 条件语句一起使用，用来加速循环。例如：

```
    main()
    {
        char c;
        while(c!=0X0D)         /*不是回车符则循环*/
        {
            c=getch();
            if(c==0X1B)
              continue; /*若按 Esc 键不输出便进行下次循环*/
            printf("%c\n", c);
        }
    }
```

总之，在程序中顺序结构、分支结构和循环结构并不彼此孤立。在循环结构中可以有分支、顺序结构，分支结构中也可以有循环、顺序结构。

附录 C 单片机 C 语言技术规范

几乎没有任何一个软件，在其整个生命周期中，都由最初的开发人员来维护；而且一个产品通常由多人协同开发，如果大家都按各自的编程习惯，其可读性将会比较差，这不仅给相互间代码的理解和交流带来障碍，而且也增加了维护阶段的工作量，同时不规范的代码隐含错误的可能性也比较大。所以对于公司或团队来说，规范的编程至关重要。

规范的编程可以改善软件的可读性，让开发人员尽快而彻底地理解新的代码，从而最大限度地提高团队开发的效率，而且长期的规范性编程还可以让开发人员养成良好的编码习惯，甚至锻炼出更加严谨的思维。本规范从可读性、可维护性和可移植性方面对编程做了一些规定，一至四部分对于 C 语言编程的规范在一定程度上具有普遍性，为强制执行项目。第五部分更侧重于单片机 C 语言的编程规范，只是作为建议，可根据习惯取舍。

一、排版

1.1 在函数的开始，结构的定义、判断等语句的代码以及 case 语句下的情况处理语句，都要采用缩进风格编写，缩进的空格数为 4 个。

说明：用不同的编辑器读程序时，因 TAB 键所设置的空格数目不同，会造成程序布局不整齐，建议对齐只使用空格键，不使用 TAB 键。

示例：函数或过程的开始

```
void InitSystem(void)
{
... // program code
}
```

示例：case 语句下的情况处理语句。

```
switch ( link_data.index )
{
case 1:
... // program code
case 2:
... // program code
dafault:
... // program code
}
```

1.2 变量说明之后、相对独立的程序块之间必须加空行。

示例：规范书写。

```
int repssn_ind;
char repssn_ni;
/* 两程序块间加空行 */
if (!valid_ni(ni))
{
```

```
... // program code
}
/*  两程序块间加空行  */
repssn_ind = ssn_data[index].repssn_index;
repssn_ni = ssn_data[index].ni;
```

1.3　不允许把多个短语句写在一行中，即一行只写一条语句。

示例：不符合规范。

```
Rect.length = 0; Rect.width = 0;
```

实例：规范书写。

```
Rect.length = 0;
Rect.width = 0;
```

1.4　if、for、do、while、case、switch、default 等语句各自占一行，且 if、for、do、while 等语句的执行语句部分无论多少都要加括号"{}"。

示例：不符合规范。

```
if (pUserCR == NULL) return;
```

示例：规范书写。

```
if (pUserCR == NULL)
{
    return;
}
```

1.5　有较长的表达式、语句或参数时，则要进行适当的划分，一行程序以小于 80 字符为宜，不要写得过长。

1.5.1　长表达式要在低优先级操作符处划分新行，操作符放在新行之首，划分出的新行要进行适当的缩进，使排版整齐。

示例：规范书写。

```
bReportOrNotFlag = ((cTaskNo < MAX_ACT_TASK_NUMBER)
                  && (N7statStatItemValid (cStatItem)
                  && (acActTaskTable[cTaskNo].cResultData != 0));

if ((cTaskNo < MAX_ACT_TASK_NUMBER )
&& (N7statStatItemValid (cStatItem))
{
... // program code
}
```

1.5.2　若函数中的参数较长，也要进行适当的划分。

示例：规范书写。

```
N7statStrCompare( (BYTE *) &cStatObject,
                (BYTE *) &(acAdcTaskTable[cTaskNo].cStatObject),
                Sizeof(_STAT_OBJECT) );
N7statFlashActDuration( cStatItem,
                cFrameID * STAT_TASK_CHECK_NUMBER + index,
                CStatobject );
```

1.6　程序块的分界符"{"和"}"应各自独占一行并且位于同一列，同时与引用它们的语句左对齐。在函数体的开始、结构的定义、枚举的定义以及 if、for、do、while、case 语句中的程序都要采用如上的缩进方式。

示例：不符合规范。
```
if (...){
... // program code
}

void ExampleFun(void)
{
... // program code
}
```

示例：规范书写。
```
if (...)
{
... // program code
}

void ExampleFun(void)
{
... // program code
}
```

1.7　对两个以上的关键字、变量、常量进行对等操作时，它们之间的操作符之前、之后或者前后要加空格；进行非对等操作时，如果是关系密切的立即操作符（如"->"".")，后不应加空格。

1.7.1　逗号、分号只在后面加空格。

示例：规范书写。
```
int a, b, c;
for (i=0; i<10; i++)
{
... // program code
}
```

1.7.2　比较操作符，赋值操作符"="""+="，算术操作符"+"""%"，逻辑操作符"&&"
"&"，位域操作符"<<"""^"等双目操作符的前后加空格。

示例：规范书写。
```
if (current_time >= MAX_TIME_VALUE)
{
    a = b + c;
    a *= 2;
    a = b ^ 2;
}
```

1.7.3　"!"""~"""++"""--"""&"（地址运算符）等单目操作符前后不加空格。

示例：规范书写。
```
p->id = ++pid;  //  "->"指针和"++"前后不加空格
```

1.7.4　if、for、while、switch 等与后面的括号间加空格，使 if 等关键字更为突出、明显。

示例：规范书写。

```
if (a>=b && c>d)
```

二、注释

2.1　一般情况下，源程序有效注释量必须在 20%以上，注释的内容要清楚、明了，含义准确。

说明：注释的原则是有助于对程序的阅读理解，注释不宜太多也不能太少。注释语言必须准确、易懂、简洁，防止注释二义性。

2.1.1　尽量避免在注释中使用缩写。

说明：在使用缩写时或之前，应对缩写进行必要的说明，错误或含义不清的注释不但无益反而有害。

2.1.2　注释的语言要统一。

说明：注释应考虑程序易读，出于对维护人员的考虑，使用的语言若是中、英兼有的，建议多使用中文，除非能用非常流利准确的英文表达。

2.2　边写代码边注释，修改代码同时修改相应的注释，以保证注释与代码的一致性，不再有用的注释要删除。

2.3　在代码的功能、意图层次上进行注释，提供有用、额外的信息。

示例：如下注释意义不大。

```
/* if bReceiveFlag is TRUE */
if (bReceiveFlag)
... // program code
```

示例：注释给出了额外有用的信息。

```
/* if MTP receive a message from links */
if (bReceiveFlag)
... // program code
```

2.4　注释的格式与位置应统一、整齐。

说明：注释应与其描述的代码接近，应放在其上或右方相邻位置，不可放在下面。

2.4.1　注释格式尽量统一，建议使用 "/* …… */"。

2.4.2　注释与所描述内容进行同样的缩排，如果注释放于代码上方则需与其上面的代码用空行隔开。

示例：不符合规范。

```
void ExampleFun(void)
{
    /* code one comments */
    Code Block One
    /* code twocomments */
    Code Block Two
}
```

示例：规范书写。

```
void ExampleFun(void)
{
    /* code one comments */
    Code Block One
    /* 与上面的代码用空行隔开 */

    /* code two comments */
    Code Block Two
}
```

2.4.3 避免在一行代码或表达式的中间插入注释。

说明：除非必要，不应在代码或表达式中间插如注释，否则容易使代码可理解性变差。

2.4.4 注释应整齐、统一，放于代码右边的注释，应左对齐。

示例：规范书写。

```
Code Block One;      /* code one comments*/
Code Block Tow;      /* code Tow comments*/
Code Block Three;    /* code Three comments*/
```

2.4.5 在程序块的结束行右方加注释标记，以表明某程序块的结束。

说明：当代码段较长，特别是多重嵌套时，这样做可以使代码更清晰，更便于阅读。

示例：规范书写。

```
if (...)
{
... // program code
    while (index < MAX_INDEX)
    {
    ... // program code
    } /* end of while (index < MAX_INDEX) */
... // program code
} /* end of if (...) */
```

2.5 对于所有的定义或声明，如果其命名不能充分自注释的，都必须加以注释。

2.5.1 有物理含义的变量、常量、宏的声明。

说明：如果其命名不能充分自注释，在声明时都必须加以注释，说明其物理含义。变量、常量、宏的注释应放在其上方相邻位置或右方。

示例：规范书写。

```
/* active statistic task number */
#define MAX_ACT_TASK_NUMBER 1000
int iActTaskSum              /* active statistic task sum */
```

2.5.2 数据结构的声明。

说明：包括数组、结构、枚举等，如果其命名不能充分自注释，必须加以注释。对数据的注释应放在其上方相邻位置，结构中每个域的注释放在此域的右方，并左对齐。

示例：规范书写。

```
/* sccp interface with sccp user primitive message name */
enum SCCP_USER_PRIMITIVE
{
    N_UNITDATA_IND,    /* sccp notify sccp user unit data come */
```

```
        N_NOTICE_IND,          /* sccp notify user the NO.7 network can not */
                               /* transmission this message */
        N_UNITDATA_REQ,    /* sccp user's unit data transmission request */
};
```

2.6　全局变量要有较详细的注释，包括对其功能、取值范围、存取时注意事项等的说明。

示例：规范书写。

```
/**********************************************************************
* Description:                                                       *
*       The Error Code when SCCP translate Global Title failure       *
* Define:*
*       0: Success                                                   *
*       1: GT Table error                                            *
*       2: GT error                                                  *
*       others: no use                                               *
* Notes:  *
*       Only function SCCPTranslate() in this modual can modify it    *
*       Other module can visit it through call the function           *
*       GetGTTransErrorCode()                                        *
**********************************************************************/
BYTE g_GTTranErrorCode;
```

2.7　函数头部应进行注释，列出函数功能、参数、返回值及注意事项等。

示例：规范书写。

```
/**********************************************************************
* Description:                                                       *
*       USART transmit data array                                    *
* Arguments:                                                         *
*       pTX: The BYTE pointer of data array for USART transmission    *
*       TXNumber: Data array size, 1-255 is avalid                    *
* Returns:                                                           *
*       TX_STA_SUCCESS(0): Transmit Success                          *
*       TX_STA_BUSY(1): TX module busy                               *
*       TX_STA_ERR(2): TX error                                      *
*       TX_STA_EMPTY(3): TX data array is empty                      *
*       others(4-255): no use                                        *
* Notes:                                                             *
*       *                                                            *
**********************************************************************/
TX_STATUS UsartTransmit(BYTE* pTX, BYTE TXNumber)
{
    CPU_USART_EN();
    ... // program code
    Delay1ms();
    ... // program code
    Return (TX_STA_SUCCESS);
}
```

2.8 头文件和源文件的注释。

说明：注释必须列出版权说明、作者、版本号、生成日期、功能描述、修改日志。如果是单片机程序还需要指定编译环境，单片机型号或产品的电路原理图。

示例：规范书写。

```
/************************************************************************
 * Copyright (C) 2008-2010, Tengen Electric co.,Ltd.                    *
 * File name: current.h                                                 *
 * Version: 1.0                                                         *
 * Author: Cure.Manson                                                  *
 * Date: 080426                                                         *
 * Compiler Studio: Freescale CodeWarrior 5.1                           *
 * Processor: MC68HC908JL3E                                             *
 * Description:                                                         *
 *          Sample current signal and calculate energy accumulation    *
 *---------------------------------- History ---------------------------*
 * Version:                                                             *
 * Author:                                                              *
 * Date:                                                                *
 * Compiler Studio:                                                     *
 * Processor:                                                           *
 * Modification:                                                        *
 *          *                                                           
 ************************************************************************/
```

三、标识符命名

3.1 标识符的命名要清晰、明了，有明确含义；使用完整的单词或可理解的缩写；由于汉字拼音的多义性，如非必须不建议使用，禁止使用拼音缩写。

3.2 标识符的缩写规则。

说明：缩写应可理解并保持一致性，长度通常不超过 32 个字符。如 Channel 不要有时缩写为 Chan，有时缩写为 Ch。再如 Length 有时缩写成 Len，有时缩写成 len。

3.2.1 去掉所有的不在词头的元音字母。

screen 缩写为 scrn。

primtive 缩写为 prmv。

3.2.2 使用每个单词的头一个或几个字母。

Channel Activation 缩写为 ChanActiv。

Release Indication 缩写为 RelInd。

3.2.3 使用名称中有典型意义的单词。

Count of Failure 缩写为 FailCnt。

3.2.4 去掉无用的单词后缀 ing、ed 等。

Paging Request 缩写为 PagReq。

3.2.5 使用标准的或惯用的缩写形式（包括单片机手册、协议文件等中出现的缩写形式）。

ADC 表示 Analog-to-Digital Converter。

BSIC 表示 Base Station Identification Code。

3.3 变量的命名。

说明：参照匈牙利记法，即"[作用域前缀] + [前缀] + [基本类型] + 变量名"。

在类型前面加"const"命名约定不变。

3.3.1 作用域前缀为必选项，以小写字母表示，常用类型如下：

全局变量   用"g_"表示   如 g_cMyVar

模块级变量   用"m_"表示   如 m_wListBox, m_uSize

静态变量   用"s_"表示   如 s_nCount

局部变量   无

3.3.2 前缀为可选项，以小写字母表示，常用类型如下：

指针   用"p"表示   如 pTheWord

长指针   用"lp"表示   如 lpCmd

数组   用 "a"表示   如 aErr

3.3.3 基本类型为必选项，以小写字母表示，常用类型见表 1。

表 1 基本类型常用前缀

类型定义	基本类型		常用前缀	举例
BOOL	bit		b	bIsOk
INT8U	unsigned char		c	cMyChar
INT8S	signed char		s	sAverage
INT16U	unsigned short		w	wPara
INT16S	signed short		n	nNumber
INT32U	unsigned int	*注 1	dw/u	uCount
INT32S	signed int	*注 1	i	iDistance
INT64U	unsigned long	*注 2	ul	ulTime
INT64S	signed long	*注 2	l	lPara
F32/F24	float		f	fTotal
F64	double		d	dNum

*注 1：有些编译器 int 表示 16 位，可以用 w/n 作为前缀。

*注 2：有些编译器 long 表示 32 位，可以用 u/i 作为前缀。

3.3.4 变量名是必选，可多个单词（或缩写）合在一起，每个单词首字母大写。应尽可能使用长名称，详细地描述变量的含义。局部变量，可以使用短名称，甚至是单个字符。

3.4 宏和常量的命名。

说明：宏和常量的名称中，单词的字符全部大写，各单词之间用下划线隔开。

示例：规范书写。

```
#define MAX_SLOT_NUM 8
#define EI_ENCR_INFO 0x07
```

3.5 结构和结构成员的命名。

说明：结构名各单词的字母均为大写，单词间用下划线。可用或不用 typedef，但是要保持一致，不能有的结构用 trpedef，有的又不用。机构成员的命名与变量相同。

示例：规范书写。

```
typedef struct LOCAL_SPC_TABLE_STRU
{
    INT8U cValid;
    INT32U uSpcCode[MAX_NET_NUM];
} LOCAL_SPC_TABLE;
```

3.6　枚举和枚举成员的命名。

说明：枚举和枚举成员名各单词都均为大写，单词间用下划线隔开，此外要求枚举成员名的第一个单词相同，便于多个枚举的区别。

示例：规范书写。

```
typedef enum
{
    LAPD_MDL_ASSIGN_REQ,
    LAPD_MDL_ASSIGN_IND,
    LAPD_DL_DATA_REQ,
    LAPD_DL_DATA_IND,
    LAPD_DL_UNIT_DATA_REQ,
    LAPD_DL_UNIT_DATA_IND
} LAPD_PRMV_TYPE;
```

3.7　函数的命名。

说明：函数名首字母大写，其余均为小写，单词之间不用下划线，通常用"动词+名词"组成，并将模块标识符加在最前面，模块标识符通常为文件名的缩写。

函数命名常用反义词组：

Add/Delete, Add/Remove, Begin/End, Create/Destroy, Cut/Paste, Get/Put, Get/Set, Increase/Decrease, Increment/Decrement, Insert/Delete, Insert/Remove, Lock/Unlock, Open/Close, Save/Load, Send/Receive, Set/Unset, Show/Hide, Start/Finish, Start/Stop, Up/Down.

示例：规范书写。

```
Void SdwUpdateDB_Tfgd(TRACK_NAME); // 模块标识符为 Sdw
Void TernImportantPoint(void); //模块标识符为 Tern
```

3.8　文件命名。

说明：文件通常包含一个模块的所有函数，文件名应小写，各单词间用空格或下划线隔开，每个.c 源文件应该有一个同名的.h 头文件。

四、宏和预编译

4.1　使用宏定义表达式时，要使用完备的括号。

示例：如下的宏定义表达式都存在一定的隐患。

```
#define     REC_AREA(a, b)        a * b
#define     REC_AREA(a, b)        (a * b)
#define     REC_AREA(a, b)        (a) * (b)
```

示例：正确的定义。

```
#define    REC_AREA(a, b)            ((a) * b)
```

4.2　宏所定义的多条表达式应放在大括号内。

示例：为了说明问题，for 语句书写稍不规范，下面的宏定义将不按设想的执行。

```
#define INIT_RECT_VALUE(a, b)\
    a = 0;\
    b = 0;

for (index = 0; index < RECT_TOTAL_NUM; index++)
    INIT_RECT_VALUE(rect.a, rect.b);
```

示例：正确的定义和用法

```
#define INIT_RECT_VALUE(a, b)\
{\
    a = 0;\
    b = 0;\
}

for (index = 0; index < RECT_TOTAL_NUM; index++)
{
    INIT_RECT_VALUE(rect.a, rect.b);
}
```

4.3　使用宏时，不允许参数发生变化。

示例：错误的引用。

```
#define SQUARE((x) * (x))  ... // program code
```

引用定义的宏。

```
w = SQUARE(++value);
```

展开该引用。

```
w = ((++value) * (++value));
```

其中 value 被累加了两次，与设计思想不符。

示例：正确的引用宏。

```
value++;
w = SQUARE(value);
```

4.4　宏定义不能隐藏重要的细节，避免有 return、break 等导致程序转向的语句。

实例：宏定义中隐藏了程序的执行流程

```
#define FOR_ALL for (i=0; i < SIZE; i++)
```

引用

```
FOR_ALL
{
    acDt = 0;
}
```

示例：宏定义中含有跳转语句。

```
#define CLOSE_FILE\
{\
    Fclose(p_fLocal);\
    Fclose(p_fUrBan);\
```

```
        return;\
    }
```

4.5 在宏定义中合并预编译条件。

示例：不符合规范。

```
#ifdef EXPORT
        for (i=0; i < MAX_MSXRSM; i++)
#else
        for (i=0; i < MAX_MSRSM; i++)
#endif
```

示例：规范书写。

在头文件中：

```
#ifdef EXPORT
        #define MAX_MS_RSM MAX_MSXRSM
#else
        #define MAX_MS_RSM MAX_MSRSM
#endif
```

源文件中：

```
for (i=0; i < MAX_MS_RSM; i++)
```

4.6 预编译条件不应分离一完整的语句。

示例：不符合规范。

```
if ((cond == GLRUN)
#ifdef DEBUG
        || (cond == GLWAIT)
#endif
        )
        {
        ... // program code
        }
```

实例：规范书写。

```
#ifdef DEBUG
        if ((cond == GLRUN) || (cond == GLWAIT))
#else
        if (cond == GLWAIT)
#endif
        {
        ... // program code
        }
```

4.7 包含头文件时，使用相对路径，不使用绝对路径。

示例：不符合规范。

```
#include "c:\switch\inc\def.h"
```

示例：规范书写。

```
#include "inc\def.h"
```

或

```
#include "def.h"
```

五、结构化程序设计

5.1　结构化程序设计其核心是模块化。

说明：模块的根本特征是"相对独立，功能单一"，即必须具有高度的独立性和相对较强的功能。单片机项目文件通常包括若干模块化的源文件.c 和同名的头文件.h、目标板或对象头文件、全局头文件、自述文件及其他一些文件。

5.2　源文件的设计。

说明：源文件通常包括文件注释、预编译处理、全局变量定义、函数声明、函数定义等。

5.2.1　注释部分参考 2.8 节。

5.2.2　预编译处理：定义了与文件同名的条件编译预处理命令，可以防止引用时被多次嵌入，更主要的目的是为了在同名的头文件中定义只属于本模块的项目。

示例：规范书写。

```
#ifndef MODULE_C
    #define MODULE_C
    #include  "module.h"
    ... // other code
#endif
```

5.2.3　全局变量定义。

尽可能将有相互联系的多个变量组成一个数据结构，并且用小写的模块文件名或缩写作为前缀，相应的类型可以在同名的头文件中定义。

5.2.4　函数声明：

声明模块中的所有函数，并对相应功能做简要注释。

5.2.5　函数定义：

规模尽量控制在 200 行以内，不要设计多用途面面俱到的函数，全局函数通常用首字母大写的模块文件名或缩写作为前缀。

示例：module.c 规范书写。

```
/* 注释 */
/*****************************************
... // comments
*****************************************/
/* 预编译处理 */
#ifndef MODULE_C
    #define MODULE_C
    #include "module.h"

/* 全局变量定义 */
volatile INT8U g_cTime;
MODULE_DATA_STRUCT g_modData; /* MODULE_DATA_STRUCT 定义在 module.h 中 */
/* 函数声明 */
void ModInit(void);                        /* Init port and variable */
MODULE_DATA_STRUCT ModGetData(void);      /* Get module data struct */
```

```
/* 函数定义 */
/*******************************************
... // comments
*******************************************/
void ModInit(void)
{
... // program code
}
/*******************************************
... // comments
*******************************************/
MODULE_DATA_STRUCT ModGetData(void)
{
... // program code
}
/*******************************************
#endif
```

5.3 头文件的设计。

说明：头文件通常包括注释，预编译处理，常量、数据结构和宏定义，以及本模块中供外部调用的全局变量和全局函数的声明。

5.3.1 注释部分参考 2.8 节。

5.3.2 预编译处理。

定义了与文件同名的条件编译预处理命令，可以防止引用时被多次嵌入。通过条件编译预处理命令，还可控制只属于或不属于本模块源文件引用的定义或声明。

示例：分别为本模块源文件或外部模块定义。

```
#ifdef MODULE_C
    #define MOD_DEF /* 供本模块源文件引用 */
#else
    #define MOD_DEF_EX /* 供其他模块引用 */
#endif
```

5.3.3 常量、数据结构和宏定义。

通常用大写的模块文件名或缩写作为前缀。

5.3.4 全局变量和全局函数声明。

声明供外部模块引用的变量和函数，并做简要说明。

示例：module.h 规范书写。

```
/* 注释 */
/*******************************************
... // comments
*******************************************/
/* 预编译处理 */
#ifndef MODULE_H
    #define MODULE_H
        #include "global.h"  /* 全局配置头文件 */
```

```
/* 常量、数据结构和宏定义 */
#define MOD_CONST 8

#define MOD_MACRO(a, b)\
{\
    ... // macro code
}

Typedef struct
{
... // member
} MODULE_DATA_STRUCT, * MODULE_DATA_STRUCT;

/*全局变量和全局函数声明 */
extern volatile INT8U g_cTime;
extern MODULE_DATA_STRUCT g_modData;

extern void ModInit(void);                      /* Init port and variable */
extern MODULE_DATA_STRUCT ModGetData(void);     /* Get module data struct */
/***************************************/
#endif
```

5.4　目标板或对象头文件 target.h。

说明：通常定义芯片的引脚、电平、寄存器或地址等，使各模块能够做到硬件无关，即一个通过测试且功能完整的模块，只要正确配置其需要的软硬件接口，便可方便地被移植到其他项目中。

5.4.1　为防止引用时被多次嵌入，须定义与文件同名的条件预编译字符。

示例：条件预编译处理。

```
#ifndef TARGET_H
    #define TARGET_H
... // other define
#endif
```

5.4.2　定义软硬件接口。

说明：比如一个功能完整的 I^2C 读写程序，硬件接口需要定义时钟引脚 I2C_CLK 和数据引脚 I2C_DT，软件接口需要定义用于时钟信号的周期延时 Delay5us()函数。倘若别的项目引用此模块，也只须定义相应的软硬件接口，便可使用其全部的功能。

示例：使用 PIC 单片机的 I^2C 写程序。

```
/* 对象头文件 target.h 定义引脚 */
#define   I2C_CLK    PC0      /* I2C 时钟线 */
#define   I2C_DT     PC1      /* I2C 数据线 */
/*******************************************************************
I2C 模块源程序
*******************************************************************/
#include "target.h"
#define "global.h"
```

```
        extern void Delay5us(void);                    /* 延时 5μs 在别的模块中定义 */
        /* I²C 写程序 */
        void I2CWrite(INT8U cAddr, INT8U cDt)
        {
            ... // program code
            for (...)
            {
                I2C_DT = (cDt & 0x80)?(1):(0);         /* 设置数据引脚电平 */
                I2C_CLK = H;
                Delay5us();
                I2C_CLK = L;                           /* 在时钟下降沿数据线电平有效 */
                Delay5us();
                cDt <<= 1;                             /* 移位准备发送下一位数据 */
            } /* end of for (...) */
        }
```

示例：使用 Freescale 单片机的 I²C 写程序。

```
        /* 对象头文件 target.h 定义引脚 */
        #define   I2C_CLK   PTA_PTA4  /* I²C 时钟线 */
        #define   I2C_DT            PTA_PTA5  /* I²C 数据线 */

        /* 在另一个模块中定义 Delay5us()函数 */
        void Delay5us(void)
        {
        ... // program code
        }
```

定义引脚和 Delay5us()函数后，I2C 模块源程序不做任何修改，就可以直接被引用。

5.5　全局头文件 global.h。

说明：包括预编译处理、常量定义、所有头文件的包含。

5.5.1　为防止引用时被多次嵌入，须定义与文件同名的条件预编译字符。

5.5.2　定义一些被多个模块使用或经常需要修改的常量，也可以将这些常量定在单独的头文件 config.h 中，然后包含进全局头文件 global.h 中。

5.5.3　按一定的结构，将所有头文件包含在一起便于管理，通常先包含最底层的头文件。

示例：全局头文件 global.h。

```
        #ifndef GLOBAL_H
            #define GLOBAL_H
        /* 配置定义 */
        #define CFG_VOLTAGE    220
        #define CFG_CURRENT    100
        /* 包含头文件 */
        #include "cpu_xxx.h"        /* 单片机模块头文件 */
        #include "target.h"         /* 对象头文件 */
        #include "module1.h"        /* 模块 1 头文件 */
        #include "module2.h"        /* 模块 2 头文件 */
        ... // other .h files
        #endif
```

5.6　自述文件 readme.txt。

说明：自述文件通常包括项目的编译环境、线路板、主要功能和调试记录，各版本的修订信息，各模块的功能、算法细节以及相互的调用关系。

5.7　其他文件。

说明：根据编译器的不同需要配置的一些文件，如芯片启动程序、链接配置文件、编译说明文件等。

参考资料

[1]   王静霞. 单片机基础与应用（C 语言版）[M]. 北京：高等教育出版社，2016.

[2]   龙芬，张军涛，邓婷. C51 单片机应用技术项目教程[M]. 武汉：华中科技大学出版社，2016.

[3]   宋雪松，李冬明. 手把手教你学 51 单片机-C 语言版[M]. 北京：清华大学出版社，2014.

[4]   张鑫. 单片机原理及应用[M]. 北京：电子工业出版社，2014.

[5]   迟忠君. 单片机应用技术[M]. 北京：北京邮电大学出版社，2014.

[6]   李全利. 单片机原理及应用技术[M]. 北京：高等教育出版社，2014.

[7]   杨恢先，黄辉先. 单片机原理及应用[M]. 湘潭：湘潭大学出版社，2013.

[8]   STC12C5A60S2 系列单片机器件手册. 南通国芯微电子有限公司，2011.

[9]   PL2303 USB to RS-232 Bridge Controller Product Datasheet. Prolific Technology Inc，2002.

[10]   SMC1602A LCM 使用说明书. 长沙太阳人电子有限公司，2000.

[11]   HJ12864J 带汉字液晶显示模块说明书. 绘晶科技.

[12]   AT24C02 器件手册. Atmel Corporation.

[13]   DS18B20 器件手册. Dallas Semiconductor.